オオカミと野生のイヌ

麻布大学獣医学部教授
菊水健史 監修　近藤雄生 本文　澤井聖一 写真解説

X-Knowledge

オオカミと野生のイヌ

オオカミとは誰か？

人間を除くすべての哺乳類の中で、かつて最も広い地域に生息していたのはオオカミである。彼らはあらゆる環境において、その土地に適した食性や能力、肉体を獲得して生きてきた。

そのたくましい姿は、人間にとって自然の力強さそのものであった。それゆえ人間は、オオカミを神として崇拝もしたが、文明を発達させ自然を支配しようとするようになる中で、いつしか自然の恐ろしさを象徴するものとして、恐れ、駆逐すべき存在と考えるようになっていった。そして20世紀前半ごろまでに、世界各地のオオカミを迫害し、絶滅に追い込んだのだ。

しかし20世紀も後半になると、自然と共生しなければ人間も生きていけないことを私たちは知った。オオカミが自然の中で重要な役割を果たしてきたことにも気付き、一度は死に追いやった彼らを再び、世界各地に蘇らせることに力を注ぐようになった。彼らは決して人間にとって脅威ではなかった。多様で美しく、懐の深い、自然の姿そのものであったのだ。

オオカミを知ることは、すなわち自然を知ることなのだ。本書には、その彼らのあらゆる姿が詰まっている。

ハイイロオオカミ

学名 ─ *Canis lupus lupus*
英名 ─ Eurasian Wolf

雪に埋もれた北欧のカバ林にたたずむハイイロオオカミ。ノルウェーにはわずか数十頭が生き残るのみだ。がっしりした体つき、すぐれた嗅覚と聴覚、槍のような鋭い歯をもつ。鼻先から尾までの全長は、最大で2mに達する。オオカミを表すノルウェー語「varg」は、「コントロールできないもの」「無法者」「野蛮なもの」を意味し、ハイイロオオカミは地上で最も迫害された動物ともいわれる

撮影地 | ノルウェー
撮影者 | Chris O'Reilly

ディンゴ

学名 — *Canis lupus dingo*
英名 — Dingo

食べ物を求めてキャンプ場に近づいてきたディンゴ。アウトバックと呼ばれるオーストラリアの内陸部に広がる砂漠地帯、その北部のノーザンテリトリー(北部準州)にあるデビルズマーブル保護地域での出来事である。先住民族アボリジニの聖地で無数の奇岩が林立している。悪魔の大理石と名づけられてはいるが、実際は花崗岩でアボリジニの伝承では、虹色の大蛇の卵とされる。ディンゴは、数千年前にアボリジニとともにオーストラリアに移り住んだイヌで、移住後に野生化したという。そのため数千年もの間、飼い犬として品種化されなかった原始犬と考えられている

撮影地 | オーストラリア
撮影者 | Yva Momatiuk and John Eastcott

野生イヌとは誰か？

WILD DOGSの肖像 — 2

「野生イヌ」とは、私たちに身近な、いわゆる「犬」(イエイヌ)を含め、すべてのイヌ科動物を指す言葉として本書では用いている。しかし決して、まずイヌがいて、それが野生化してイヌ科動物全体になった、ということではない。イヌとは元来、オオカミと同じ祖先を持つ動物のうち、人間と緊密な関係を保って暮らすようになった一派である。あくまでもイヌが人間に最も身近ゆえ、このような呼称になっているにすぎない。

さてその野生イヌは、近年の遺伝子解析によって、関係の深い種同士を1つの「系統」としてまとめると、主に4つに分けられることになった。それがすなわち、オオカミ型系統、南米系統、アカギツネ型系統、シマハイイロギツネ型系統、である。この4系統に35ほどの種が含まれ、それぞれ、オオカミ、イヌ、ジャッカル、キツネなどの語が付く名前を得ているのだ。

本書ではまず、野生イヌの中核をなすオオカミについて様々な角度から解説を加える。その後、58ページ以降は、この4つの系統ごとに、各系統に含まれる種を順番に紹介し、野生イヌの全貌を明らかにしていく。

グレイという名の
白と黒

ホッキョクオオカミ

学名 ─ *Canis lupus arctos*
英名 ─ Arctic Wolf

北極圏に生息するハイイロオオカミの亜種で、体毛は白い。アルビノや白変種など白色の個体は、さまざまな種でみられるが、季節にかかわらず種や亜種に属するすべての個体の体毛が常に白い肉食哺乳類は、シロクマと並んで極めて珍しい。シロクマと同じ冬場は白一色の世界に暮らすので、最も効果的な保護色といえる。食物連鎖の頂点に位置する両者にとって、捕食者として獲物に接近しやすい毛色と考えられている。ただし、シロクマの体毛は生まれながらに白いが、ホッキョクオオカミの子どもは、生まれる春先から大人になるまで大地と同系色の褐色がかった灰色である

撮影地 | グリーンランド　　撮影者 | David Tipling

オオカミの毛の色は多岐にわたっている。一般的なのは灰色であるものの、白いのもいれば黒いのもいる。茶色や赤茶色、砂のような黄色がかった種もいる。

色の違いは、生息する環境との関係が大きいと考えられる。たとえば、北極に暮らすホッキョクオオカミは白く、アメリカのロッキー山脈など森林にすむ種は黒っぽい。また、半砂漠のような環境にすむものは黄色に近いという具合である。大きな傾向としては、極地に近いほど色は白く、低緯度になるほど色は濃いとされる。

ただ、毛の色がどうであれ、オオカミはどの種もみな同様に、ハイイロオオカミなのだ。ちなみに、北米に多い黒毛のオオカミは、イヌとの交雑によって誕生したことがわかっている。

また、オオカミ全般について、外側の毛の長さは60〜150㎜で、内側には短く高密度の毛が生えている。内側の毛は、高緯度のオオカミほど柔らかくて多く、低緯度ほど荒くて少ない。

黒いハイイロオオカミ

学名— *Canis lupus*
英名— Timber Wolf

アルバータ州の雪原を歩くハイイロオオカミ。森林にすむことからティンバーウルフ(シンリンオオカミ)と呼ばれる。北米にはホッキョクオオカミやシンリンオオカミをはじめ5〜6亜種が生息している。その毛色は、名前のように灰色だけでなく、白色から黒色まで、灰褐色、黄褐色など個体によってさまざま。ほぼ北米だけに見られる黒いオオカミは、過去に飼い犬と交雑したオオカミの子孫であり、森の中で姿を隠すのに有利と考えられている

撮影地｜カナダ　撮影者｜Donald M. Jones

左 | エチオピアオオカミ

学名 — *Canis simensis*
英名 — Ethiopian Wolf

さわやかな目元に引き締まった口元。端正な立ち姿が美しいエチオピアオオカミは、どこか日本の神社に置かれた狐の像にも似ている。しかし、キツネの仲間ではなく、飼い犬やハイイロオオカミと同じイヌ属で、キンイロジャッカルの近縁種でもある。エチオピアのバレマウンテン国立公園にある標高3,000m以上のサネッティ高原がその棲み家。サネッティとは、現地語で「風が強い場所」という意味で、言葉どおり風が強い日が多く、やや長い首をすっと伸ばし、風に立ち向かうように立っている

撮影地 | エチオピア　撮影者 | Danita Delimont

右 | タテガミオオカミ

学名 — *Chrysocyon brachyurus*
英名 — Maned Wolf

南米は長い間、隔絶された世界だったため、独自の進化を遂げてきた生きものが多い。タテガミオオカミもそのひとつで、1属1種の珍しいイヌ科の動物である。体に比べて小さな頭に竹馬のように長い足が特徴。同じように足の長いラクダやキリンのように側対歩（そくたいほ）、つまり右の前後の両足、左の前後の両足をそれぞれペアにして歩き、馬のような上下動が少ない。前後左右の足を上手に動かし草原をすたすたと走る。ただし、少し走っては立ち止まる習性があるので、人間に捕まりやすく、天敵がいないはずの世界で、準絶滅危惧種となっている

撮影地 | ブラジル　撮影者 | Tui De Roy

野生イヌの4系統に含まれる35ほどの種のうち9割以上は、オオカミ型、南米、アカギツネ型の3つの系統のいずれかに分類される(シマハイイロギツネ型に分類されるのは、シマハイイロギツネとハイイロギツネのみ)。ここから13ページにかけては、その3系統の概要を説明する。

各系統10〜13種ほどが含まれるが、そのうち、名に「オオカミ」または「イヌ」が付く種はすべて、オオカミ型系統と南米系統の中に分類される。「オオカミ」と付く種は、ハイイロオオカミ、エチオピアオオカミ、タテガミオオカミの3種で、前2種がオオカミ型系統、後1種が南米系統だ。

10種ほどが含まれるオオカミ型系統の中で「オオカミ」と付くのが2種のみであるのは不思議に思えるかもしれないが、それは、世界各地のほとんどのオオカミがみなハイイロオオカミの亜種だからである。つまり、アフリカ・エチオピアの高地だけに暮らすエチオピアオオカミと、南米・ブラジル周辺のみに見られるタテガミオオカミ以外のオオカミは、みなハイイロオオカミなのである。

「イヌ」と付く種は、イヌ(イエイヌ)、ヤブイヌ、スジオイヌ、コミミイヌ、カニクイイヌの5種で、そのうちイエイヌのみがオオカミ型系統で、残りは南米系統だ。イエイヌは、5ページにも書いた通りオオカミと同じ祖先を持つが、南米系統の4種はそうではない。みな「イヌ」とつくが、たとえばスジオイヌは英語ではhoary fox、すなわち「キツネ」となる。本書を読み進めるとさらに、イヌ、キツネ、オオカミなどの境界はあってないようなものであることが次第にわかっていくはずだ。

南米系統は、4系統中で唯一大陸名を冠す通り、南米固有の種が揃う。南米大陸は早くに他の地域から隔離され、動物の独自進化が進んだのである。

WILD DOGSの肖像 ── 4

オオカミだけど
オオカミじゃない

オオカミに近い仲間たち

コヨーテ

学名 — *Canis latrans*
英名 — Coyote

キツネとオオカミの間ほどの大きさであるコヨーテは、夜の荒野で吠える西部劇でもおなじみの野生イヌ。その生息域は北米西部に限られていたが、ハイイロオオカミの減少、絶滅とともに現在では大きく拡大した。ここイエローストーン国立公園でも、オオカミの絶滅とともに生態系で大きな地位を占めていた。しかし、野生動物を巡る20世紀最大の実験とも呼ばれる「オオカミの再導入」によって、コヨーテの数は減少に転じているという

撮影地 | 米国(イエローストーン国立公園)
撮影者 | Danny Green

野生イヌの4系統のうち、ここではオオカミ型系統について詳しく見てみよう。

この系統に分類されるのは10〜13種。種の数に幅があるのは、たとえばディンゴ(60ページ)を1つの種とみるかハイイロオオカミの亜種とみるかなど、見解が分かれるためだ。また、オオカミ型に含まれるイエイヌにしても、学名*Canis lupus familiaris*から言えば、ハイイロオオカミ(*Canis lupus*)の亜種である。だが、近年の研究では、イヌとオオカミは共通の祖先を持つが、オオカミがイヌの直接の祖先であるわけではないとされている。

さて、そのオオカミ型系統の中には、オオカミ、イヌ以外に、コヨーテやジャッカルが含まれる。これらの間にはどのような違いがあるのだろうか。

たとえばコヨーテとオオカミを比較すると、オオカミの分布域が世界各地に及ぶのに対して、コヨーテは北アメリカから中央アメリカだけに生息し、体格もオオカミより小柄という違いがある。ただ、両者が交配できることを考えると、彼らは別種ではなく、コヨーテはオオカミの亜種だとも考えられる。また、コヨーテはイエイヌとも交配できるのでイヌとも同種とも言えそうだが、現状では別の種として扱われている。

また、ジャッカルについても、オオカミと違いはあるが(84ページ)、両者はかなり近縁の関係にある。ジャッカルにはもともと4種あり、そのうちの1つはアフリカに生息するアビシニアジャッカルであったが、いまではそれがエチオピアオオカミと呼ばれている。また、最も広範囲に生息するゴールデンジャッカルは、アフリカにも生息すると考えられていたが、2015年、アフリカの個体は別種であることが判明し、「アフリカンゴールデンウルフ」(84ページ)という名がついた。つまり、ジャッカルの新種というより、オオカミの仲間に分類されたのである。

オオカミ型系統には他に、凄惨な狩りによって知られるアフリカのリカオンやアジアのドールも含まれる。それぞれに異なる特徴がある一方で、上記のように、その境目はかなりあいまいなのである。

遺伝子解析の技術が進むにつれてより客観的な分類が可能になり、それぞれの関係を示す「系統樹」は書き直されつつある。すなわち現在、生物の分類は過渡期にあり、野生イヌについても、今後、さらに変化していく可能性も多分に考えられるのである。

アフリカン ゴールデンウルフ

学名 — *Canis anthus*
英名 — African Golden Wolf

ゴールデンジャッカル(キンイロジャッカル)とされてきた本種は、アフリカの神話にも登場するほど昔から人間のそばで暮らしてきた。古代エジプト神話で有名な冥界の支配者アヌビス神は、またの名をジャッカルの神という。その頭部はジャッカルで、体は人間の姿とされてきた。写真の野生イヌがキンイロジャッカルではなく、新種のアフリカンゴールデンウルフとなれば、神話の解説も書き直すことになるのかもしれない

撮影地 | ケニア(シャバ国立保護区)
撮影者 | Malcolm Schuyl

ホンモノの白い野生イヌ

野生イヌの4系統の中で、含まれる種の数が14種ほどと最も多いのがアカギツネ型系統である。その名の通り、この系統はアカギツネを始めとして、1種を除いてすべて「キツネ」だ。また南米系統にも「キツネ」は5種あり、シマハイイロギツネ型系統の2種も「キツネ」。じつは野生イヌの種の半分以上が「キツネ」なのである。

では、キツネとはいったい何なのか。

一般にキツネというとアカギツネを指す（亜種は47種ほどに及び、現在すべての陸上の野生動物の中で最も広い分布域を持っている）。そのアカギツネと同じ「キツネ属（Vulpes）」に含まれる種が、私たちが普段イメージするキツネに近いと言え、それらはすべてアカギツネ型系統に含まれる。一方、南米系統の「キツネ」5種は、いずれもクルペオギツネ属（Lycalopex）。また、シマハイイロギツネ型系統の「キツネ」2種は、いずれもハイイロギツネ属（Urocyon）である。つまりこれらは、同じ「キツネ」でも、体の基本的な構造や性質から異なるのだ。

さらにややこしいのは、文化圏によって認識も違うらしい点である。南米系統のイヌのうちのスジオイヌとカニクイイヌの2種は、英語ではそれぞれHoary FoxとCrab-eating Fox、すなわちキツネなのだ（前者はクルペオギツネ属、後者はカニクイイヌ属（Cerdocyon））。

このように、日本語で「キツネ」という語が付いても、私たちが思い浮かべる動物とはかなり異なっている場合もある。上の写真のホッキョクギツネもその一例といえるかもしれない。また、アカギツネ型系統の中に「キツネ」ではない1種があると書いたが、それはタヌキだ。イヌ科の動物がそれぞれ進化の過程で森林を出て平原へと生活の場所を移す中、森林に残り進化した動物である。タヌキは普通、体全体が茶色っぽく、目の周りや足が黒いが、次ページの写真のような全身真っ白なもの（白変種）も存在する。また、タヌキは東アジアが原産であるが、英語名はRaccoon Dog、すなわち英語圏ではイヌなのである。

私たちは何をキツネと捉え、何をイヌ、オオカミだと考えるのか。各系統について知るだけでも、様々な想像ができて興味が尽きない。その実際の姿を、本書でじっくりと確かめていただきたい。読後あなたは、イヌやオオカミ、キツネについて、いったいどのようなイメージを持つようになるだろうか？

左 | **タヌキ**

学名 — *Nyctereutes procyonoides*
英名 — Raccoon Dog

日本をはじめ東アジア原産のタヌキは、毛皮の取引でヨーロッパなどに移入され、その分布を広げていった。タヌキの毛色は黄色がかった黒（灰）褐色なので、白いタヌキは遺伝子疾患によりメラニン色素が合成できないアルビノ（白子）か、突然変異で毛色などが白くなった白変種のいずれか。写真のタヌキは、目が赤くないので後者であり、飼育下で繁殖させたものも多い。タヌキは毛皮用に現在でも養殖され、それが逃げ出して野生化することもある。また、その毛は、毛筆にも使われ、特に白い毛は「白狸」の名で高級品として珍重されている

撮影地 | ドイツ　　撮影者 | Frank Sommariva

右 | **ホッキョクギツネ**

学名 — *Vulpes lagopus*
英名 — Arctic Fox

アラスカ北東部から標高3,000mのブルック山脈にかけての北極圏に、北極野生生物国家保護区が指定され、北極海に面する豊かな自然の中で数多くの野生動物が息づいている。氷点下50℃という過酷な北極圏の環境に適応したホッキョクギツネもそのひとつ。冬の間は見事な美しい純白の毛をまとうが、写真のように雪のなるべく少ない海岸にすむという

撮影地 | 米国（アラスカ州）　　撮影者 | Accent Alaska

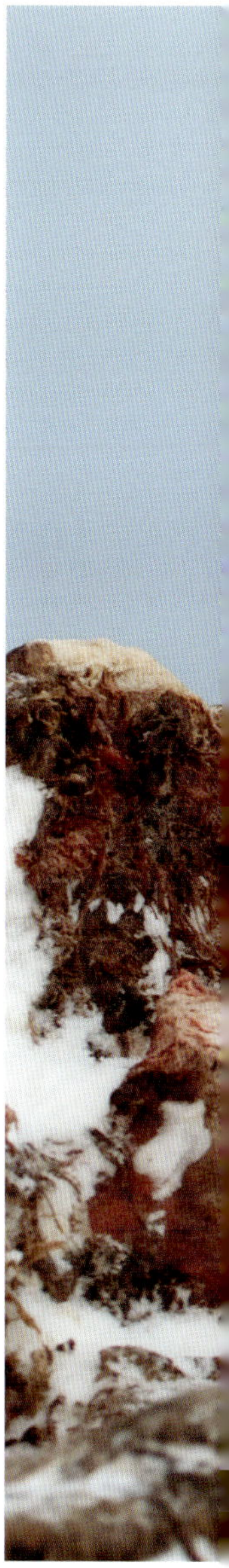

ニセモノの白い野生イヌ

Part 1 — Gray Wolf

ハイイロオオカミ

ようこそ、われら
オオカミの棲む世界へ

われは氷河を望む山肌にありて
たてがみを風になびかせ
時の彼方へ旅立つ
夢は青き氷河にたくして
さあ、ゆこう
懐かしい遠吠えの響く世界へ

氷河と雲とオオカミ

雲がたなびく傾斜地で、氷河を遠く望むハイイロオオカミ(*Canis lupus*)。アラスカ州南部のカトマイ国立公園の一角である。自然保護区にも指定され、オオカミの天敵ともいえるヒグマが、世界最多2,000頭以上保護されていることでも有名な地域。ハイイロオオカミの生息地は、かつて標高4,000mを超える高山にまで広がっていた

撮影地｜米国(アラスカ州)　撮影者｜Andy Rouse

天に吠える森のオオカミ

ミネソタ州北部、ノースウッズの森で孤独なハイイロオオカミが天に向かってひとり遠吠えしている。ノースウッズは北米大陸の北に広がる湖水地方で、1年の半分は雪と氷に閉ざされ、マイナス50℃に達する凍てついた森である。その生息環境を表すかのように、北米ではグレイ・ウルフ(ハイイロオオカミ)をティンバー・ウルフ(シンリンオオカミ)と呼ぶことも多い

撮影地｜米国(ミネソタ州)
撮影者｜Jim Brandenburg

オオカミの遠吠えに、なぜヒトは魅かれるのか？

オオカミと聞いて、遠吠えする姿を思い浮かべる人は多いのではないだろうか。悲しげな声を、どこまでも届かせたいといった様子で、天を仰ぐようにして絞り出す。その姿は、確かに私たちに訴えかけるものがある。

オオカミの声は、大きく6種類に分けられる。クンクンと鳴く声にヴフヴフと吠える声、唸り声、叫び声、さらには鼻や足など口や声帯以外を鳴らして出す「声」、そして遠吠えである。

これらの声に、顔の表情や姿勢、においといった情報を組み合わせ、オオカミはコミュニケーションを取っている。その複雑な仕組みはわかってないことが多くあるが、声そのものについては、長年にわたって研究が進み、その様々な性質がわかってきている。発情期にはクンクン鳴いて異性を誘い、警戒したときにはヴフヴフと吠える。威嚇時は唸り、驚いたときには叫び声を上げる、といった具合だ。そして何よりも研究者の興味を誘い、よく調べられてきたのが遠吠えである。

いったいなぜ遠吠えをするのだろうか。その主な役割は3つあるとされている。

1つ目は、離れた仲間とのコミュニケーションのため。つまり仲間に自分の居場所を教えたり、仲間の返事を求めているのだ。2つ目は、互いの絆を深めるため。たとえば狩りに出かける前などの遠吠えは、群れ内の気持ちを1つにしていると推測される。そして、これが最も重要と思われるが、群れ同士での無用な遭遇や戦いを避けるために互いの存在や縄張りを他の群れに知らせるためだ。オオカミは、数頭から最大20頭ぐらいまでの群れを作り、直径10～20㎞程度の縄張り内で活動する。その周縁部は群れ同士で重なり合うため、互いに出会わないようにする工夫が必要となるのだ。

他の群れの遠吠えが聞こえたとき、遭遇を避けたければ、応答せずに静かに逃げるのが得策だろう。しかし、新鮮な獲物があったり小さな子どもがいたりすれば、その場に留まって遠吠えを返すことが多いという。自分たちの居場所を知らせることで相手に避けてもらうことを期待するのだ。この場合、逆に相手に攻撃の機会を与える危険性もあるため判断は難しいが、オオカミは、状況に応じて決断をして遠吠えを返すのである。

オオカミの遠吠えは、かつては人間に恐怖を呼び起こす声だった。しかし今では、野生の生命力を感じ、魅了される人が多いという。それは人間が、かつては自分たちもその一部だった自然界から遠く離れてしまったことを意味するのかもしれない。

雪の中で遠吠えするハイイロオオカミのペア。底深い、むせぶような遠吠えは、かつて身の毛もよだつ、恐怖をかき立てる不協和音だった。それが今では、美しい大自然を思い起こさせる野生の音楽として多くの人たちを魅了している

撮影地｜北米　撮影者｜Tim Fitzharris

オオカミたちの棲む世界

オオカミの生息地は砂漠から北極圏まで幅広いが、
我々ヒトにとって身近な生息環境を紹介しよう

紅葉の草原に棲む

カナダ本土の北端を流れるツリー川のほとりを散策する4頭のオオカミ。3頭はまだ若オオカミである。川はイヌイットの住むキティクメオト地域を横切り、北極海に注ぐ。周辺には美しい紅葉の草原が広がり、12頭のオオカミたちが暮らしている。この地域には、豊かな自然が残され、全長1mを超す北極イワナをはじめ、シロクマやホッキョクオオカミなど、さまざまな野生動物が息づく

撮影地 | カナダ(ヌナブト準州)
撮影者 | Jason Pineau

森と海辺に棲む

カナダ西部の海辺の岩で休むティンバー・ウルフ(シンリンオオカミ)。波打ち際の岩場には、グレート・ベア・レインフォレストの紅葉が覆うように広がる。840万ヘクタールにおよぶ広大な森で、世界で最も大きな沿岸温帯雨林である。ほぼ手つかずの自然が残され、多くの野生動物が暮らす。オオカミがすむ沿岸部は、入り組んだ入り江に大小さまざまな島々が密集している。この周辺の沿岸環境に適応したオオカミは、内陸のオオカミとは異なるグループとされている

撮影地 | カナダ(ブリティッシュ・コロンビア州)
撮影者 | Nick Garbutt

孤島に棲むバンクーバーアイランドウルフ

小さなフジツボがびっしりと張り付いた岩場で、大きな海藻の後ろから静かな視線を投げかけるオオカミ。アラスカに接するブリティッシュ・コロンビア州の太平洋沿岸は、複雑な地形の湾や入り江がつらなるフィヨルドが刻まれ、その南端に接するようにバンクーバー島が浮かぶ。英語でバンクーバーアイランドウルフ（*Canis lupus crassodon*）と呼称されるオオカミは、前ページの内陸のオオカミや沿岸のオオカミとも異なる小型のタイプで、この島独自の固有の亜種とされている。島の環境に適応した彼らにとって、磯のフジツボやカメノテなど海の甲殻類でさえ貴重な食料源である

撮影地｜カナダ（バンクーバー島）
撮影者｜Bertie Gregory

海で暮らすハイイロオオカミ

—

オオカミは通常、内陸部に生息してシカやヤギなどを獲物にする。そのイメージに反して、カナダ西部のブリティッシュ・コロンビア州の沿岸部には、サケや甲殻類など海洋生物を食べて海辺で暮らす種が存在する。

このオオカミの生態については、カナダ人の生物学者や環境保護活動家らによって2000年代初頭から10年がかりの調査が進められた。広範に及ぶ領域からオオカミの糞を採取して分析するという方法で、その生態は明らかになっていった。

まず、大陸沿岸部と大陸に隣接する島々に分かれて２種のオオカミが生息することがわかった。大陸にすむオオカミはサケを主な食料とする一方、島々にすむオオカミは、フジツボなどの甲殻類やニシンの卵、クジラの死骸、さらにはアザラシも食べていた。かなりユニークな生態だが、かつては同州だけではなくその北に隣接するアラスカや、南にあるアメリカワシントン州の沿岸部にも同様のオオカミがいたはずだという。しかし、いずれも狩猟によって激減した。そして、広大な森が広がり人口も少ないカナダのこの地域だけ残ったのだと考えられている。

とても貴重な存在であるが、しかし、このオオカミたちの今後も危ぶまれている。大規模なパイプラインを建設する計画が進んでいて、それが稼働すれば沿岸部にはタンカーが頻繁に行き来するようになり、オオカミが住める環境が消滅してしまうと予測されるからだ。

ハイイロオオカミの代表

ハイイロオオカミは、国や地域によって特徴があるため多くの亜種に分かれている。その代表的な亜種が、写真の最初に発見(発表)されたヨーロッパオオカミ(ユーラシアンウルフ:*Canis lupus lupus*)。種の基本となるので、基(き)亜種または原名(げんめい)亜種という。これら北方のオオカミは中東やインドなど南方のオオカミに比べて大きく、体重はオスで50kg前後、メスで40kg前後。正式な記録の最大はウクライナで殺された86kgのもの。がっしりした体つきで、鼻先から尾の付け根までの体長(頭胴長)はオスで150cm前後、地面から肩までの高さの体高は70cm前後である。オオカミは細長い頭蓋骨をしているが、ヨーロッパオオカミは他の亜種より頭骨がやや狭く、鼻づらも、より細長いとされる。中央ヨーロッパや北欧、旧ソ連などの森林地帯に広く分布していたが、各地の駆除により今では急速にその数を減らし、生息地も減少の一途を辿っている。西ヨーロッパのほとんどの地域で、絶滅の危機に瀕している。ノルウェーでは1973年に絶滅して再導入されたが、ノルウェー政府は2017年に42頭の射殺を許可しており、これはノルウェーに生息するオオカミの75%にも当たり、国際的にも大きな議論となっている

撮影地 | ノルウェー　　撮影者 | Jasper Doest

ハイイロオオカミの体を見る

長く強力な後ろ肢(あし)には瞬発力があり、力をためることができる。かかとを地面に着けず、4本の指のつま先だけが地面に触れる趾行性(しこうせい)という方法で軽快に走り、静かに歩く。 鉤爪(かぎづめ)はネコ科の動物と異なり出し入れできないため、爪先はすり減って丸くなっている。 体温を保つ密生した毛は外側の粗い毛と内側の柔らかい毛の二重になっていて、6〜10㎝と長いが、顔と四肢の毛は短い。 尾の長さは30〜56㎝位。 尾の上面の付け根には尾腺が、肛門には二つの肛門腺がある。イヌどうしはよく肛門や生殖器まわりを嗅ぎあうが、オオカミはまれにしかしない。 しかし、オオカミは匂いだけで性別はもちろん、年齢まで分かるともいわれる。 また、肛門腺の分泌物を糞に混ぜ、特定の場所に糞を残すことによって、仲間にさまざまなメッセージを送っているとの研究報告もある

撮影地 | ノルウェー　　撮影者 | Jasper Doest

アラスカ州南部のカトマイ国立公園の海辺で、遡上してきたサケを捕らえるハイイロオオカミ。カナダ沿岸の一部地域では、サケをはじめ貝類や海獣類を多く食べる「海辺のオオカミ」が知られているが、8月のアラスカでも同じような光景が見られる。最近の研究では、絶滅した北海道のエゾオオカミも、カナダの海辺のオオカミと同様に、サケを多く食べ、海産物に依存した食性をもっていたという

撮影地｜米国　撮影者｜Oliver Scholey

クマのように魚だって、食べる！

野生のオオカミは、1日に2.5〜10kgの食物を食べると推定されている。それだけの量の食料を日々手に入れるには、小さな獲物だけでは難しく、どうしても大きな獲物をしとめる必要がある。それゆえオオカミは、シカやカリブーといった有蹄類をはじめ、大型の草食動物を主に捕獲して生きている。

オオカミは、縄張りの中を群れで1日に何十kmも歩き回り、獲物を探す。そして獲物を見つけると、追いかけて、首に咬みつき引き倒して、相手が動かなくなるまで押さえこむ、というのが狩りの基本的な方法である。その時獲物は、首に穴が開くだけで出血も傷もほとんどないまましばらくすると絶命するが、オオカミの仲間たちは、時に獲物がまだ生きているうちからその身体を引き裂き食べ始める。

大きな獲物にありつけると、オオカミは短時間で一気に食べつくしてしまう(1頭で、24時間で最大20kgも食べることができる)。そしてその後は何日も何も食べないでまた次の獲物を求めて歩き回るという日々を繰り返すようだ。

ただ、こうした狩りが成功するのは、平均して1〜3割ぐらいの確率でしかない。かつ相手が大物であればオオカミも怪我をし、殺されることももちろんある。決して楽な仕事ではない。そこで彼らは補完的に、様々なものを口にする。ネズミやリスといった小型の哺乳類から、昆虫、鳥、さらに様々な死肉や人間の出したゴミまで、手に入るものは何でも食べてエネルギーの足しにする。つまり、実際にはオオカミはかなりの雑食性なのである。

その幅広い食性の中でも、長らくあまり知られていなかったのが魚である。19ページでも触れたが、北米大陸西海岸、特にカナダ南西部の太平洋岸では、オオカミがサケを食べる様子が観察され、その新たな実態が明らかになった。

それは産卵のために毎年秋にこの海域に戻ってくるサケで、オオカミはその時を狙って水中に入って捕まえていたのだ。20日間にわたった観察によれば、オオカミは平均して1時間で21匹ほどのサケを捕獲し、頭だけを食べて残りのほとんどは捨てていた。大量に獲物が得られるために、おそらく最も栄養のある部分だけを選んで食べているのだ。

大型の動物を狩るのに比べてサケを獲るのは簡単でありリスクも少ない。それゆえこのような適応をしたのだと思われる。食べることに関するこの柔軟な適応力こそ、オオカミがあらゆる環境の中で生息できるゆえんなのだろう。

上｜ サケを追うシンリンオオカミ

ブリティッシュ・コロンビア州の太平洋岸に広がる温帯雨林、グレート・ベア・レインフォレストの夏。8月になるとギンザケが川を遡上してくる。それを暗褐色のティンバー・ウルフ（シンリンオオカミ）が追っている。ブリティッシュ・コロンビア州と米アラスカ州南東部の海辺にすむオオカミは、内陸のオオカミより2割ほど小型で、かつては太平洋岸の大部分に生息していたという。食性も内陸タイプとは異なり、10月以降の産卵期には食料の4分の1はサケとなる

撮影地｜カナダ　撮影者｜Jack Chapman

下｜ エルクを襲うハイイロオオカミ

アルバータ州の西部、世界遺産にも登録されているバンフ国立公園を流れる川の中で、エルク（アメリカアカシカ）を追い詰めるハイイロオオカミ。しかし、そう簡単にはいかない。群れでの狩りならまだしも、単独で大型のシカを仕留めるのは難しい。獲物であるシカたちも、オオカミが1頭で狩りをしているのか、群れなのかを見分けることができるからだ。逆に危険を察知したオオカミは、すぐに狩りを中止するともいわれる

撮影地｜カナダ　撮影者｜Chris Stenger

クマはライバル？
それとも、恋人？

クマとオオカミは、行動圏を同じくすることが多いが、基本的に互いの存在には関心を持たないとされている。しかし、ひとたび獲物が絡むと話は変わる。

オオカミが獲物を持っているのを見つけると、クマは容赦なくそれを奪おうとする。そうした場合、複数のオオカミとクマ一頭が争うことになるケースが多いが、数が少なくとも圧倒的に力の強いクマの方が優位に立つ。オオカミが攻撃を試みても、クマは相手に突進するか前肢で捉えようとするなど反撃する。するとオオカミは立ち去るしかない。つまり、[*1]オオカミは奪われるものでクマは奪うもの、という関係ができあがる。

ところが、そんな印象を覆す光景がフィンランド北部の荒野で、野生動物写真家によって捉えられた。若いオスのヒグ

マと若いメスのハイイロオオカミが10日もの間、獲物を分け合って仲良く食べ、休憩や遊ぶときもずっと一緒に過ごしていたのだ。このオオカミは、近くに生息する他のクマにも受け入れられている様子だったと写真家は報告している。

なぜこのオオカミがクマとこれだけ距離を縮められたのかはわかっていないが、これが極めて珍しい光景であることは間違いないようだ。

両者の関係は、これまで想像されていたより多様なのかもしれないことを示唆している。

＊1——ハイイロオオカミとハイイログマの例で、ホッキョクオオカミは縄張りに侵入したホッキョクグマを群れで追い払うことが観察されている

右 | 熊のロミオと狼のジュリエット

フィンランド西部、クフモの夏の湿原で仲良くたたずむ若いオスのヒグマとメスのハイイロオオカミ。自然界では対立する両種の関係から、写真家にロミオとジュリエットと呼ばれた。カナダでは、飼い犬と仲良く遊ぶ野生のシロクマが話題になったが、まだまだ知られていない野生動物たちの交流があるのかもしれない

撮影地 | フィンランド　撮影者 | Lassi Rautiainen

左 | 30センチメートルも離れて

恥ずかしがり屋で群れからひとり離れて食事するオスの若グマに、1頭の若いオオカミが近づいた。明るい色をした美しいメスである。ふたりは仲良くなり、オオカミは熊に食物を運んでくるようになった。1つの肉の固まりを一緒に食べた。ふたりが歯を肉に沈めた時、その距離わずか30㎝。この淡い恋は1週間以上つづいたという

撮影地 | フィンランド　撮影者 | Lassi Rautiainen

なぜ、オオカミの目は印象的なのか？

人間がオオカミに対して恐怖心を抱く要因の一つとして、視線の鋭さが挙げられる。オオカミの目も、ヒトと同じく白目があり、その中に色がついている虹彩がある。そしてさらにその中心に黒目と呼ばれる瞳孔がある。ただ、オオカミは白目の部分が周囲の毛などで隠れていて見えない。しかし、眼の周囲が黒く縁取られ、虹彩がヒトの白目のように明るいため、瞳孔がヒトの虹彩のようによく目立つ。それゆえ、ヒトの視線のように向きがはっきりとわかり、こちらを向くと鋭く見つめられているように感じる。

一方、イヌ科（オオカミも含まれる）の動物には、オオカミとは逆に虹彩の色が濃く視線が目立たない種も多い。そこで京都大学野生動物研究センターの研究グループは、視線が目立つ種と目立たない種の違いを調べた。その結果、群れで行動する種は、単独で行動する種よりも視線が目立つこと、さらに、群れで行動する種の中でも群れ内で協力して獲物をとる種はより視線が目立つ傾向があることがわかった。つまり、コミュニケーションにおいて視線が重要な役割を果たしていることが示唆されるのだ。

基本的に群れで暮らし、視線が目立つオオカミは、コミュニケーションに視線が多く使われていると想像できる。その通り、オオカミは視線の目立たない他のイヌ科の動物よりも、群れの仲間を長く見つめることがわかった。相手の視線を読み取ることと相手に視線を読み取ってもらうことに時間をかけているのだろう。

私たちに鋭い視線を向けるときもまた、こちらの視線をじっと読み取っていると考えられる。

右 | 狼もまた等しく見返す

雪が敷き詰められたカバ林の木の間から吸い込まれそうな視線を投げかけてくる2頭のヨーロッパオオカミのペア。黒く縁取られた黄色い眼(虹彩)に黒い「ひとみ」がくっきりと浮かび上がる。ヒトがオオカミのひとみを見つめるとき、オオカミもまた等しく見つめ返してくるかのようだ。なお、生まれたばかりのオオカミの赤ちゃんの眼(虹彩)はネコの赤ちゃんのキトンブルーのように青く、生後8カ月ほどで黄色に変わってくる

撮影地 | ノルウェー　撮影者 | Jasper Doest

左 | 鋭い眼差しで獲物をねらう

1872年に創設された世界初のイエローストーン国立公園。この巨大な自然保護区のオオカミは1926年に絶滅したが、1995年のオオカミ再導入によって、シカなどの草食動物が分散し、その結果として草原や樹木が再生したという。鋭い眼差しで丈高い草むらを飛び越えるように何かに襲いかかる1頭のハイイロオオカミ。後ろ脚の関節は柔らかく瞬発力があるので、大きくジャンプすることができる。獲物がネズミのように小さいときは、キツネのようにアーチを描いて飛び上がり、がっしりした前脚で押さえつける

撮影地 | 米国　撮影者 | George Sanker

野生種が絶滅した
オオカミたち

世界中で迫害を受けたオオカミたち。
逃げ場のなかった日本列島のオオカミも絶滅して久しい。
しかし、野生の世界では絶滅したものの、
熱心な保護活動によって、いまだ種や亜種として
保護地域や飼育下で命脈を保っている
オオカミたちもいる

アメリカアカオオカミ、メキシコオオカミ

北アメリカに広く分布するオオカミは、ハイイロオオカミであるが、18世紀末にアメリカ南東部でそれとは異なる種らしいオオカミが見つかった。そして19世紀後半になって確かに別種だと結論付けられたオオカミがアメリカアカオオカミである。

しかしアメリカアカオオカミは、本格的に研究が始められようとした1960年代にはすでに絶滅しかけており、1980年前後に野生の絶滅が確認された。だが、絶滅前に保護した約30頭を繁殖させるプログラムによって、その後、数百頭の子どもが生まれ、現在野生に放されている。

このオオカミが絶滅にまで追い込まれた最大の原因は人間である。アメリカ南東部の開拓が始まった頃、家畜を襲うために害獣として駆除されるようになり、その結果、生息地を失い、移動した先でコヨーテと交雑、そして寄生虫に感染するなどしてその数を減らした。

アメリカアカオオカミ同様、1970年代頃すでに野生種が絶滅状態にあったのがメキシコオオカミである。メキシコに加えアメリカ合衆国南西部のアリゾナ州、ニューメキシコ州、テキサス州に生息していたこのオオカミは、ハイイロオオカミの亜種だ。家畜のウシを捕食するようになったために駆除され、絶滅寸前にまで追い込まれた。

しかし1976年に絶滅危惧種に指定されると、野生に残っている個体は捕獲、保護され、繁殖プログラムが開始された。そして1998年、再び野生の個体数を復活させるべく11頭が自然環境に戻された。

このようにオオカミを自然界に「再導入」する試みは、生態系への影響もある上に、地元民や牧場主にとっては人や家畜の安全性への懸念があるため、慎重な実施が求められる。このメキシコオオカミのケースと、1995年にアメリカ北西部でハイイロオオカミが再導入されたケースについては、実施前の事前準備(実施条件・方法の検討や環境アセスメントなど)や議論に20年ほどの年月が費やされている。

結果、アメリカ北西部では、数度に分けて導入された数十頭のハイイロオオカミは予想以上に繁殖し、再導入から10数年で1700頭にまで増えた。一方、メキシコオオカミは、導入から8年後の2006年に100頭まで増やすことを目標としたが、2010年の時点で50頭しか確認できなかったという。その後、方法が見直され、2016年には100頭を超え、2017年には野生状態で少なくとも143頭が生息し、飼育下繁殖施設で約240頭が確認されている。

右｜アメリカアカオオカミ

学名— *Canis rufus / Canis lupus rufus*
英名— Red Wolf

全体に赤みがかり、特に頭部から頸、四肢にかけて赤毛が多いことから(アメリカ)アカオオカミと呼ばれる。体色の個体差が大きく、灰色から淡褐色、シナモン、全身赤毛、黒色に近いものまでいる。背面や尾は黒っぽく、腹は淡い。全身黒毛のタイプもいたが、絶滅している。鼻先から尾の付け根までの体長(頭胴長)135～165㎝、尾長25～46㎝、体重16～41kg。最大のオスでもヨーロッパオオカミのメスくらいの大きさである。ペアから12頭までの家族で群れをつくり、一般に生後2年ほどで群れを離れる。群れは複数の巣穴をもち、育児は群れ全体で行う。保護地域に再導入されたものの、コヨーテとの交雑で、純血種の存続が心配されている

撮影地｜米国　撮影者｜Mark Newman

左｜メキシコオオカミ

学名— *Canis lupus baileyi*
英名— Mexican gray wolf

黄色味がかった灰色からくすんだ黄褐色の毛色で、背から尾にかけて黒毛がおおう。北米で最も小さいハイイロオオカミの亜種とされ、頭も小さく細い。大人のオスで全長157㎝、尾長41㎝、後ろ足26㎝の記録が残っている。アリゾナに再導入されたメキシコオオカミの食性調査(夏場)によると、大型のシカ類であるワピチ(アカシカ)が8割を占め、家畜のウシ16.8%、ネズミの仲間などのげっ歯類2%、その他各1%未満でミュールジカの仲間やウサギ、リスを食べていた

撮影地｜米国　撮影者｜Tim Fitzharris

北欧のハイイロオオカミ

—

北欧スカンジナビア(主にスウェーデンとノルウェー)では、野生のオオカミは1960年代に一度絶滅したものの、現在は400頭ほどが生息している。

この復活のきっかけを作ったのは、80年代にフィンランドとロシアにまたがる地域からスウェーデン南部まで渡ってきた、たった3頭のオオカミだという。彼らが発端になって徐々に増え、20数年後には200頭ほどにまで増えた。そして2008年にさらに2頭が同地域から移動してきたことも手伝って、現在の数にまで至ったという。

ただ、絶滅から復活したはいいものの、ほとんど外部の血が入らないまま近親での繁殖を続けたために、身体に問題が起きている。骨格や歯、生殖機能に異常が見られることが少なくなく、多くの個体が大人にまで成長できずに死んでしまうという。今後が危ぶまれる状況なのだ。

その中で、ノルウェーに生息するのは60頭ほどであるが、同国では、家畜のヒツジが襲われるためにその大部分が殺処分にされようとしている。環境や自然を大切にするイメージの強い国だけに反対の声が多いのかと思えば、実際には、賛成の声が圧倒的に多いらしい。これには、実際の被害の大きさ以上に、言い伝えや神話から「オオカミは怖い」とする印象が深く根付いている結果なのだとする見方もある。

一方、同じく北欧のデンマークでも、オオカミは19世紀に絶滅したが、2017年に、200年ぶりに発見されて話題になった。ドイツから移動してきたようである。

北欧の人たちにとってオオカミは、数は少なくとも存在感の大きい動物であることをうかがわせる。

右｜ノルウェーのオオカミ

純白の雪の絨毯に木がまばらに突き出るカバ林。林間に静かにたたずむオオカミたち。ノルウェーのトロムソにあるポーラーパークは、大自然の一角を柵で区切っただけの動物園。この世界最北端の自然動物園では、飼育下ではあるものの、美しい自然環境の中でオオカミをなでたり、遠吠えを聞いたりと、親密に触れあうことができる

撮影地｜ノルウェー　撮影者｜Jasper Doest

左｜フィンランドのオオカミ

雪原の枯れ木に止まったイヌワシを下からねらうオオカミ。もちろんイヌワシはオオカミが飛べないことを知っているので、悠然としたものである。冬の間、フィンランドのオオカミは、体重が自分の10倍以上もあるヘラジカを主食とし、食料の90%を占める。フィンランドのオウル大学の調査によると、大人のオオカミは1日に3.6kgの肉を必要とする。1カ月で100kg、10頭いれば1tonにもなる。もちろんヘラジカだけがその対象ではなく、冬場にはトナカイ、ノウサギ、タヌキ、死肉をはじめ、写真の鳥なども食べている

撮影地｜フィンランド　撮影者｜Lassi Rautiainen

上 | **イタリアオオカミ**

学名 — *Canis lupus italicus*
英名 — Italian Wolf

イタリア半島のアペニン山脈や西アルプス山脈に生息する。ハイイロオオカミの小型の亜種で、体重は一般的に25～35kg、大きなオスでは45kg、体長110～148㎝、肩高50～70㎝。毛色は灰褐色で夏に赤色味を帯びる。頬や腹側の毛色は明るく、背や尾の先が帯状に黒味がかっている。ときに前足にも黒い帯が入る

撮影地 | イタリア（アブルッツォ州ラクイラ県チヴィテッラ・アルフェデーナ）
撮影者 | Saverio Gatto

下 | **イベリアオオカミ**

学名 — *Canis lupus signatus*
英名 — Iberian Wolf

20世紀の初頭までイベリア半島の大半で見られたハイイロオオカミの亜種で、現在の生息地はスペイン北西部とポルトガル北部に限られる。毛色は褐色を基調に暗色からやや赤色味の強いものまでいるが、口のまわりから頬にかけて口髭と呼ばれる白い斑点があり、前足を垂直に走る黒い線、尾の黒い斑点、鞍（サドル）と呼ばれる十字の暗色模様が特徴で、亜種小名signatus（ラテン語で「特徴的な印の付いた」）の由来となっている。頭胴長100～120㎝、体高60～70㎝、体重30～50kgで、ヨーロッパオオカミより小さく、北米のシンリンオオカミよりは大きい。体型は全体にほっそりしており、最大で75kgの記録が残っている。オスは40kgを超え、メスは30kgほどなので、メスはオスの8割弱の大きさである。なお、本種はヨーロッパオオカミであり、独立した亜種ではないとする説もある

撮影地 | スペイン（アンダルシア州マラガ県アンテケーラ）
撮影者 | Jose B. Ruiz

南欧のハイイロオオカミ

—

南欧のスペイン、イタリア、ポルトガルでも、他のヨーロッパの国々と同様に20世紀半ばまでオオカミは減少を続けた。1960年代には人口の少ない山岳地域に小規模な個体群が孤立した状態で残るのみになった。しかし、その後、自然保護の時代となり、先のいずれの国でもオオカミは保護の対象となった。結果、ポルトガルでは2010年に200～300頭が安定して生息していることが確認され、スペインとイタリアでは、2013年にそれぞれ1500～2,000頭と1,000頭が確認され、増加傾向にあることがわかった。

オオカミが保護され、増加していく過程において、イタリアでは、オオカミが再び暮らすようになった森林にシカなども放されている。オオカミとシカが、それぞれ相手を獲物と天敵と見る自然界の関係を取り戻す中でともに増加し、破壊された生態系が取り戻されていったようだ。また、そういった森林では開発を行わないようにするなど人間側の努力もなされた。

その結果、イタリアのオオカミは分布範囲も拡大し、その一部は、すでにオオカミが絶滅したフランスにも移動していったことがわかっている。

南欧は、ヨーロッパの中部・北部に比べてオオカミに対して寛容だといわれる。オオカミも人間もお互いを怖がったり、迫害しようとしたりする傾向は少ないようで、オオカミが人間と共存することは一般に受け入れられているという。北欧のノルウェーの人々に見られるオオカミに対する恐怖の念とは対照的ながら、どちらもヨーロッパにおける人間とオオカミとの関わりの深さや長さを感じさせる。

砂漠のオオカミ

砂漠に覆われたアラビア半島には、アラビアオオカミが生息する。肩までの高さは約65㎝で平均の体重は20kgに満たない。全オオカミの中で最も小さいことで知られるが、それは熱さへの適応の結果と考えられる。身体に比して耳が大きいのも、耳から熱を逃がしやすくするためであろう。

このオオカミは、ヤギ程度の大きさまでの動物なら、家畜を含め何でも襲って食べるため、害獣とされ、駆除されてきた。その結果、かつては半島のほぼ全域に見られたのが、現在では半島北端近くのイスラエルのネゲヴ砂漠やイラク、南端近くのイエメンやオマーンなどの一部地域に残るのみとなった。

その一方、狩猟を禁止したオマーンでは急激に増加している。同様に個体数が増えたイラクでは、攻撃的にもなり、村人や農民の脅威になっているという報告がある。

アラビア半島は、複数の宗教が誕生した地だ。聖書では、オオカミは、動物の群れを襲う外敵として、または裏切りや凶暴さの象徴として度々描かれているが、オオカミと人間は、昔も今も変わらずに、この厳しい自然環境の中で生きるための争いを続けていると言えそうだ。

アラビアオオカミ

学名— *Canis lupus arabs*
英名— Arabian wolf

アラビアオオカミは、ハイイロオオカミの亜種と考えられており、イスラエルで100頭ほど、世界でもわずか1,000頭前後しか生息していない希少種だ。真昼の12時、気温が50度を超える灼熱の砂漠の上をひとり駆けている。獲物の少ない世界屈指の乾燥地帯での狩りは、世界のオオカミで一般的に見られる、群れによる連係した狩りは難しい。家族で構成された小さな群れや単独で、ヤギの仲間であるヌビアアイベックスの子どもなどを狙う。しかし、アラビア半島で最大の肉食獣はアラビアオオカミではなく、ほぼ2倍の大きさ、体重40kgにも達するシマハイエナだ。北アフリカからインドにかけて生息している、この最大の敵と獲物をめぐって激闘を繰り広げることもある。その一方で、珍しい例として、アラビアオオカミとシマハイエナが協働することもあると、イスラエルの動物学者が報告している。7頭のオオカミの群れの中心を1頭のシマハイエナが争うことなく共に走っていたのだ。熊と狼が仲良くすることがあるように、荒涼とした乾燥地で捕食者どうし助けあいながら生き抜くことがあるのかもしれない

撮影者 | Roland Seitre

インド・中東のオオカミ

—

インドオオカミは、中東に広く分布するイランオオカミと外見が似ている。かつ分布域も一部重なるため、かつて両者はハイイロオオカミの中の同一の亜種とみなされていた。だが、近年の遺伝子の解析によって両者は40万年以上にわたって交配がないことがわかり、別々の種であることが明らかになった。

インドオオカミはインドを中心に、イランオオカミは中東に広く分布し、ともに平原や砂漠に生息する。特徴としては、あらゆるオオカミの中でも身体が小さい部類に入るという点が挙げられる。

両オオカミとも、現地の人間に警戒・忌避されているが、特にインドオオカミは家畜に加え人間を襲うことでも知られ、子どもが狙われることが少なくない。オオカミにさらわれた子どもの話も代々伝えられていて、実際にさらわれたと確認された例はないものの、オオカミに育てられた少年の話は、世界的に見てもインドでとりわけ多く伝わっている。

インドオオカミ

学名— *Canis lupus pallipes*
英名— Indian Wolf

ゴツゴツした岩場の闇を静かに通り過ぎるインドオオカミ。自動撮影(トラップ)カメラがとらえた野生の一瞬である。インドオオカミはアラビアオオカミに似ているが、夏でも背や腰に少し長い毛が残っているとされる。イランの北部、首都テヘランの南方に位置する自然保護区、カヴィール国立公園は、インドオオカミやシマハイエナなどの肉食動物をはじめ、ヤギ、ヒツジ、ガゼルなどの草食動物が生息する。サファリのように、とげのある木やブッシュが見られ、草原と砂漠が広がり、アジアチーター、ペルシャヒョウという希少な大型野生ネコが生息することからリトルアフリカとも呼ばれる。公園の中心には、ブラックマウンテンという美しい岩場が存在する

撮影地 | イラン(カヴィール国立公園)　撮影者 | Frans Lanting

チベットオオカミ

学名— *Canis lupus filchneri* / *Canis lupus laniger*
英名— Tibetan wolf

2頭のチベットオオカミが広大な平原を疾走しながら、傷ついたチベットノロバを追い詰めている。チベットノロバは体重400kgにもなる、世界最大の野生ロバである。自然保護区に指定されたココシリはチベット高原の北部に位置し、標高は4600mに達する。中国最後の秘境とも呼ばれ、ほぼ完璧な自然状態が保全され、230種類以上の野生動物が生息。2017年には世界自然遺産に承認されている。古代から生息するチベットオオカミが英国人によって初めて報告された記録によると、長く鋭い顔、釣り上がった眉、広い額、大きく尖った耳、鈍い褐色に顔全体と足は黄色がかった白色で、体長110㎝、肩高76㎝とある。インドオオカミより大きいが、ハイイロオオカミの亜種としては足がやや短いとされる

撮影地 | 中国(青海省玉樹チベット族自治州ココシリ[可可西里])
撮影者 | XI ZHINONG

アジアのオオカミ

—

アジア大陸の東部に分布するオオカミに、チベットオオカミとモンゴルオオカミがいる。ともにハイイロオオカミの亜種で、それぞれ、チベットを含む中国西部からインド北部にかけてと、モンゴルから中国北部にかけての広い地域に生息する。

近年のミトコンドリアDNAを比較する系統調査によってチベットオオカミは、イヌよりも早い段階でハイイロオオカミから分岐していることがわかっている。これは、最終氷期の最盛期にあたる約2万年前に、彼らの生息地が孤立して独自の進化を遂げてきたゆえと考えられている。

一方、モンゴルオオカミは、古くから人間と関わりが深い。草原で暮らすモンゴルの人々にとって、オオカミは神であり、信仰の対象でもあった。というのは、オオカミは、草原の草を食べるモウコガゼルを獲物とするゆえ、草原を守る存在と考えられたからである。オオカミはモンゴルの民族に強い影響を与えてきたとされ、モンゴル騎兵の戦い方もオオカミ的であるともいわれる。

絶滅した日本のオオカミ

日本にはかつて、2つのタイプのオオカミが存在した。北海道に生息した大型のエゾオオカミと、本州・四国・九州に生息した小型のニホンオオカミである。

どちらも、まだ日本がユーラシア大陸と陸続きだった100万年以上前に他の大型動物とともに渡ってきたので元来は同一のオオカミだったはずである。しかしその後、約1万年前から始まった沖積世《ちゅうせきせい》(完新世《かんしんせい》)の時代に本州が北海道から離れたことで両者は異なる進化を遂げた。

当時、温暖化が進行したことによって本州の植生が変化し、オオカミが捕食していたヘラジカを含め、大型の動物が次々に絶滅した。その中で本州のオオカミは小型化して生き延びた一方、北海道はまだ大陸と地続きだったために大陸から大型のオオカミが流入し続け、エゾオオカミにはその遺伝子が残ったとされる。

その後、人間とも関係を深めていくようになるが、日本人にとってオオカミは恐ろしい存在であった一方、崇める存在でもあった。オオカミは、田畑を荒らすイノシシやシカを捕食してくれる動物であったからだ。同じくシカを獲物とする立場として同志的意識もあったようで、北海道のアイヌの人たちは、オオカミを、その狩猟の巧みさから、シカを狩る「カムイ(神)」として尊んだ。

ところが18世紀になると状況は一変する。狂犬病が猛威を振るい、オオカミにも伝染すると、人間にとってオオカミは大きな脅威となり、一気に駆除の対象へと変わったのだ。加えて、犬ジステンパーという感染症が外国から入ってきたことなども重なったのだろう、エゾオオカミは1894年頃、ニホンオオカミは1905年に見られたのを最後に絶滅したのである。

ただ、そうした理由があったとしても、崇められた時代があった日本のオオカミが絶滅し、忌み嫌われて迫害され続ける一方だった北米のオオカミが生き残ったのは興味深い。

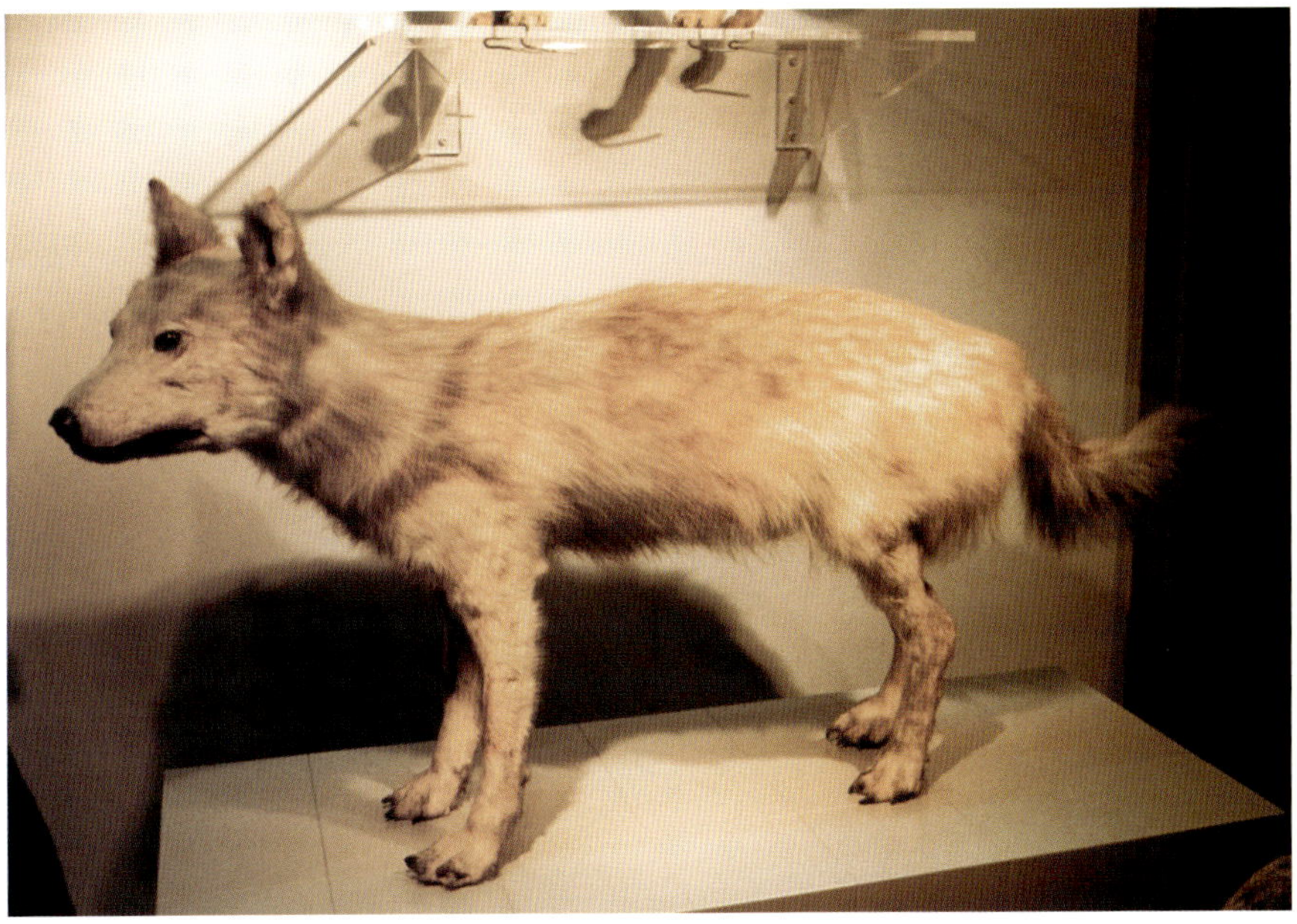

上 | ニホンオオカミ(標本)

学名 — *Canis lupus hodophilax* / *Canis hodophilax*
英名 — Japanese Wolf

ハイイロオオカミの亜種の中で最も小型のうちの1つ(頭の大きさでは、アラビアオオカミが世界で最も小さいとされる)。体つきは柴犬などに似ており、オオカミにしては前足や耳が短い。推定体重も15kg前後しかない。頭胴長は95〜114㎝、肩高は55㎝ほど。ニホンオオカミの標本は世界に5体のみ。その1体が写真の剥製で、国立科学博物館で常設展示されている。明治初期に福島県で捕らえられたオスで、ニホンオオカミでは最高の標本ともいわれる

所蔵 | 国立科学博物館　撮影者 | Brett L. Walker

下 | エゾオオカミ(標本)

学名 — *Canis lupus hattai*
英名 — Hokkaido Wolf

エゾオオカミは、ニホンオオカミに比べてかなり大型で、横並びになると20㎝前後、頭ひとつ抜き出る大きさ。頭の長さだけをみても、同じハイイロオオカミの亜種の中では大型のヨーロッパオオカミに匹敵する。食性もニホンオオカミよりバリエーションに富んでいて、本州のシカよりずっと大きいエゾジカなど陸上動物をもちろん多く食べていたが、サケなどの海産物、ときおり北極圏のシロクマのように海岸に打ち上げられたクジラの腐肉なども食べていたという。エゾオオカミの骨に含まれる同位体分析では、獲物の7割が海産物であるという個体もいたほどだ。写真は北海道大学に残された世界唯一のエゾオオカミの標本である

所蔵 | 北海道人学植物園・博物館

生き残ったオオカミは世界に何頭いるのか？

地球上に現在のオオカミの仲間と認識できる動物が現れたのは、250万年前から180万年前の間と考えられている。最初は北米大陸に現れ、40万年前頃からユーラシア大陸へと渡り、また北米大陸に戻るなどして、両大陸に広がっていった。

オオカミと言えば、通常ハイイロオオカミ（学名カニス・ルプス、*Canis Lupus*）を指す。それが、北米大陸で5亜種ほど、ユーラシア大陸で7～9亜種に分けられ（専門家によって分け方は異なる）、全オオカミをなしている。北緯20度以北から80度までの様々な環境に適応し、かつては、私たち人間（ホモ・サピエンス）を除けば、世界で最も広く分布する野生の陸生哺乳類であった。

しかし西洋文明を中心に、オオカミは自然の危険性を象徴する動物として忌み嫌われるようになる。そして各地でオオカミの撲滅が目指され、ここ数百年の間にオオカミは世界中で急速に数を減らしていった。西ヨーロッパではそのほとんどが根絶され、アジアや北米大陸でも激減。その数は、かつての3分の1～半分ほどにまで減ったと考えられている。

ところが、20世紀後半になり環境意識が高まってくると、これまで人間が持っていたオオカミに対する負のイメージの多くが、根拠のない非科学的なものであることがわかっていった。実際にはオオカミは高い知能と複雑な社会を持つ動物であり、人間にとっても生態系にとっても決して脅威となる動物ではない。むしろ生態系にとって必要な動物である。そうした再理解とともに、私たちは自らの過去の行いを見直し、かつて生息していた環境にオオカミを再導入するという動きが進んでいったのだ。

たとえば北米では、家畜生産者のオオカミ被害に補償金を支払うための民間の基金が設立され、それによって農家の人々もオオカミの再導入への批判を弱めることになった。また、自分が所有する土地でオオカミが子どもを産んだ場合、決まった金額が支払われるという制度もできた。

オオカミは危険な動物から保護される動物へと変わった。中東では現在も個体数が減少していると見られるが、ヨーロッパ、アジア、北米の大部分で、その数は増加または安定している。

頭数は、現在、アジアで9万～10万頭、北米に6万～7万頭、ヨーロッパで1万数千頭程度といわれる。世界全体では、研究者によっても異なるが、16万～30万頭ほどと考えられている。

花の咲き乱れる野原で、母親の口の端を舐めて食べ物をねだる子オオカミ。この母子に果たして未来はあるのか

撮影地｜米国（ミネソタ州）　撮影者｜Michelle Gilders

ハイイロオオカミの分布と主な亜種の生息地の目安

アジアサバクオオカミ Asian Desert Wolf(*Canis lupus desertorum*)、アラスカオオカミ Northern Gray Wolf(*C.l.occidentalis*)、
アラビアオオカミ Arabian Wolf(*C.l.arabs*)、イタリアオオカミ Italian Wolf(*C.l.italicus*)、イベリアオオカミ Iberian Wolf(*C.l.signatus*)、
インドオオカミ Indian Wolf(*C.l.pallipes*)、エゾオオカミ(絶滅)Hokkaido Wolf(*C.l. hattai* ／ *rex*)、
カスピカイオオカミ Caspian Sea Wolf(*C.l.cubanensis*)、シンリンオオカミ Eastern Canadian Wolf(*C.l.lycaon*)、
チベットオオカミ Tibetan Wolf(*C.l.filchneri*)、ツンドラオオカミ Tundra Wolf(*C.l.albus*)、
ニホンオオカミ(絶滅)Japanese Wolf(*C.l.hodophilax* ／ *Canis hodophilax*)、
ネブラスカオオカミ Southern Gray Wolf ／ Great Plains Wolf(*C.l.nubilus*)、ホッキョクオオカミ Arctic Wolf(*C.l. arctos*)、
メキシコオオカミ(再導入)Mexican Gray Wolf(*C.l.baileyi*)、モンゴルオオカミ Mongolian Wolf(*C.l.chanco*)、
ヨーロッパオオカミ Eurasian Wolf(*C.l.lupus*)、ロシアオオカミ Central Russian Wolf(*C.l.communis*)

※1　分布図は「Wolves Behavior,Ecology,and Conservation/David Mech and Luigi Boitani」243・245p、「the ARCTIC WOLF Ten Years with the Pack/David Mech」19p、「The Wolf Almanac/Robert H.Busch」9・11p、「Another Look at Wolf Taxomony/Ronald M.Nowak」376～378p、「The IUCN Red List of Threatened Species」などを参考に作成した概略図である
※2　亜種名の標準和名はニホンオオカミとエゾオオカミの2つしか存在しないので、他の和名は一般呼称や英語を意訳した本書独自の呼称で表記した

ハイイロオオカミの亜種は、いったい何種類いるのか

灼熱の地には世界一小さなアラビアオオカミが、極寒の地には純白のホッキョクオオカミがいる。世界には非常に多くのハイイロオオカミの亜種が存在する。さまざまな環境に適応して、人に次ぐほど生息域を広げてきたからだ。

しかし、北極圏と砂漠のように極端な例はわかるとして、似たような環境に棲み、形態も大きさも非常に類似して見える亜種が多いのも事実である。亜種の数は、いまだに定説がなく、文献に記録されているだけでも37～68種ほどいる。

すでに多くの亜種が絶滅させられてきたオオカミたち。それなのに、その地のオオカミの固有性を主張したい、できれば自国や地域の名を冠する亜種を設けたい、ということなのか。恐れ迫害もしてきたが、誇りにもしたい。オオカミに対して、人はアンビバレント(愛憎的)な心情があるようだ。

研究者によっては、北米で6種類、ユーラシアで9種類、あわせて15種類が適切であろうという主張もある。

それでも、北米の研究者の説だけあって、少し北米が多いように感じる。(text by XK)

DATA

和名	ハイイロオオカミ／タイリクオオカミ
英名	Gray Wolf
学名	*Canis lupus*
保全	IUCNレッドリスト―軽度懸念(LC)
体重	オス20～86kg メス18～55kg※1
頭胴長	82～160㎝
肩高	68～97㎝
尾長	32～56㎝

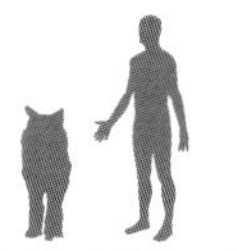

※1　北米・ヨーロッパ・旧ソ連では、オスで45kg前後、メス40kg前後が多い。砂漠地帯など南側はその半分ほど

オオカミ

5カ月間の長い極夜が明けると、島に太陽が再び姿を見せる。凍結した海がゆるみ、ユーレカ海峡の沖合いには、巨大な水晶のような氷山が漂流する。海峡の幅はわずか十数キロ。西の彼方に見えるのは、対岸を挟んで向かい合うアクセルハイバーグ島。岸辺には小さな浮氷が点在する。ぽーん、ぽーんと、白いオオカミが浮氷から浮氷へと跳びこえている。長い冬が明けて喜んでいるのか、なにかおいしい魚を求めて飛び跳ねているのか。オオカミの心の内は誰にも分からない。ここは北極点から800㎞のエルズミア島。北海道の2倍以上もある巨大な島は、1年のうち10カ月は氷と雪に閉ざされる。極寒の地でたくましく生きる純白のホッキョクオオカミたち。極寒の地だからこそ生き残ったオオカミたちだ

ホッキョク

雪と氷の世界に生きる北極圏の白い亜種

北米大陸とグリーンランドの最北部の、北極圏に生息するこのホッキョクオオカミ（*canis lupus arctos*）は、地球上で最も高緯度な地域に分布する動物の1つである。同じ極寒の地に暮らすホッキョクギツネと同様、体温を保持するために全身は密度の高い白い毛に覆われて、耳や鼻などの先端部分は小さいのが特徴だ。

人間との接触が少ないため、ハイイロオオカミの亜種の中で唯一、狩猟や駆除という人間からの攻撃にさらされてこなかった。同じ理由で、その生態が知られる機会も限られていたが、1980年代、世界的な自然写真家ジム・ブランデンバーグらによって、北極点から800㎞に位置するカナダのエルズミア島にて長期にわたる密着の観察が行われた。

ブランデンバーグらが観察したのは、1組のペアを中心にその子どもらからなる13頭の家族の群れだ。群れは、見晴らしのいい場所の岩山の隙間を巣穴として、春に子どもを生んでから2カ月ほどはそこで過ごし、その後は広大な領域で日々獲物を探しながら暮らしていた。

獲物となるのは、北極圏に多く生息するジャコウウシやホッキョクウサギなどの哺乳類だ。特に身体の大きなジャコウウシは、食料の貧しい極寒の環境でオオカミたちが生き抜くために必要な獲物で、命がけの攻撃を度々仕掛け、群れからその子どもを捕獲しようと試みていた。容易ではないその狩りを何度かの試行の後に成功させ、獲物をみなで分けて食べる様子を、ブランデンバーグらは目撃し、撮影した。

また、ブランデンバーグらは長期間この群れの近くで過ごすことでオオカミと信頼関係を築き上げ、翌年の春には子どものいる巣穴に入ることも許された。オオカミは人間にとって脅威であり駆除すべき動物であるというイメージは誤りであり、じつは寛容な動物であることを、その事実は示唆している。

撮影地｜エルズミア島［カナダ、ヌナブト準州クイーンエリザベス諸島］　撮影者｜Jim Brandenburg［42〜57P］

群れのリーダーが一族を引き連れて、数千平方kmにおよぶ広大な縄張りをくまなく調べに出かけた。巣穴近くの海岸も熱心にパトロールしている。海岸沿いを一定の速度で何時間も歩き続ける。岸に打ち上げられる北極圏のサーモンを探しているのかもしれない。世界で一番おいしいともいわれる鮭だ。それとも、油断して寝そべっているアザラシでも襲おうとしているのか。そのうち岸から数mほどに浮いている氷を見つけて跳びはじめる。バスターと呼ばれる群れのリーダーだ。楽しんでいるかのように、あちらこちらと跳び移る

海が氷結しているあいだだけ近づける氷山は、ホッキョクオオカミにとってこのうえなく魅力的だ。自分たちの縄張りを一望できるし、それになにより高いところに登るのが大好きだから。群れのリーダーのバスターが、氷山の中腹から突き出た平らなところへとことこと走ってゆく。そして玉座に座ったかのようにあたりを睥睨する。用心深さと好奇心が入り混じった眼で見下ろされると、心の奥底まで見透かされそうだ。玉座をいただく氷山は、ざらざらとした規則的な文様の化粧がほどこされている。太陽と風と冬の粉雪がつくりあげた芸術だ。そのとき、ひとすじのやわらかな日の光がさしこんだ。凍てついた風景をろうそくの炎色の暖かさが包みこむ。純白のオオカミが照らしだされ、あたりの氷山は青い影におおわれる

ブリザードが吹きすさぶ
零下30℃の白いオオカミ

雪をいただく美しい連山の前には、荒涼とした褐色の大地が広がっている。地の果てのような景観を臨む岩の上。1頭の大人のホッキョクオオカミが所在なげにしている。前の年に生まれ、独立せずに家族と一緒に暮らすオスのスクラフィーだ。岩場は洞窟を利用した巣穴になっている。春になったので、母オオカミが子を産むために岩場にもどってきたのだ。オオカミの群れは、広大な縄張りを年中放浪しているが、子を産む2カ月の間、母親の世話と子育てを手伝うため、群れは岩の巣穴の近くにもどる

巣穴の岩場のそばを大人のオオカミと子オオカミたちが歩いている。母オオカミが子を連れ歩いているのではない。引率しているのは、前年に生まれた1歳の兄オオカミである。スクラフィー（だらしない奴）という残念な名をつけられたとおり、手入れをしないので、いつも薄汚れた毛なみ。へまばかりするので群れの落ちこぼれ的存在だ。その分、ひといちばい子どもたちの世話はする。子どもたちに群れのルールを教えたり、ホッキョクギツネの皮の切れ端で、狩りの仕方を何度も練習させたりする。大切な子守役なのである

家族で助け合うオオカミの子育て

カナダのエルズミア島にてホッキョクオオカミを長期間観察した自然写真家のジム・ブランデンバーグは、このオオカミの子育てについても詳細に記録している。

オオカミの子は一般に、生まれて間もなくは一定の体温を保つのが難しいため、数週間は巣穴の中で母親に寄り添って暮らすという。ブランデンバーグらが観察したホッキョクオオカミの子どもたちも、生後5週間（推定）して巣穴から出てきた。このとき彼らが巣穴を出たのは、別の巣穴に移動するためで、母親らに助けられながら、長い傾斜面を下ったり、広い氷原を横切ったりしたという。北米では、オオカミは人間に巣穴を見つけられると子どもを連れて移動することが知られていることから、ブランデンバーグは、自分たちの存在が彼らの移動の原因だったかもしれないと考えた。

しかし一方、オオカミは一般に、巣穴に巣食う寄生虫をはじめ様々な虫を除去するために一時的に巣穴を移動することがあり、この場合、数週間後に元の巣穴に戻ったため、原因は寄生虫だったと推測している。

いずれにしても、春に生まれたオオカミの子どもは冬になるころには立派な姿になる。そしてその年を含めて計1〜3年間ほど、両親と一緒に過ごし、新たに生まれる子どもの世話を手伝った後に独り立ちするというのが、オオカミ全般が経る成長の流れである。

それゆえ、群れでの子どもの世話は成獣がみなで協力して行う。子どもたちは親以外の成獣に対しても鼻面を舐めて餌をせがみ、成獣は何か食べていれば吐き出して子どもたちに与える。また、母親が狩りにでかけるときは、他のオオカミが子どもたちを見張りもする。そうして若いオオカミは、自分が独立して子どもを持った時に備えて経験を蓄えているのだと考えられている。

ブランデンバーグらが観察したホッキョクオオカミの群れでも同様なことが起こっていた。

ブランデンバーグによれば、低緯度に生息する野生のオオカミは、人間を恐れているなどの理由から観察が非常に難しい。彼自身、エルズミア島の観察以前に20年以上にわたって世界各地のオオカミを探し求めて歩きながらも、撮影できた写真はわずか7枚だけだったという。しかしこれまで人間との諍いを持つことがなかったホッキョクオオカミは、彼らを受け入れた。

子育ての様子を含めてオオカミの本来の姿の数々が、ホッキョクオオカミを通じて初めて明らかになったのだ。

黄が色鮮やかなアイスランドポピー。群れのリーダーのバスターが香りをかいでいる。極寒の地に咲くこの花は、ほかのケシとちがってほのかなよい香りがする。食べると毒性はあるが、麻薬性はない。北極圏の開花は短く気まぐれ。暖かい日に一斉に開花する。短い夏の数週間だけ十数cmほど茎を伸ばして花開く。それを逃さず、香りを楽しんでいる。厚さ300mもある永久凍土は、降雨量も少なく、凍てついた砂漠だ。動植物の匂いさえ稀な世界。人間の百倍以上も嗅覚が鋭いオオカミたちにとって、そよ風でさえ、世界の細密な様相を知る手がかりとなる。その豊かな感覚で知るポピーの花は、どんなかぐわしさなのだろう

上｜ フィヨルドで泳いでさっぱりしたのか。バスターが、口もとにまとわりつく子どもに優しく接している。子オオカミは、食べ物を求めたり親しみを表すとき、耳をうしろに伏せて、尾をふって、大人オオカミの口の端を舐める。群れのリーダー、バスターの眼は鋭いが、表情は豊かだ。体重は45kgほど。足が細くて、とても長い。ハイイロオオカミの亜種の中では、やや小さいホッキョクオオカミではあるが、大きなイヌの代名詞であるジャーマン・シェパードよりも背が高い。鼻づらの黒い部分(前ページの顔のアップ写真でよくわかる)は、毛が抜けているのではなく、泥に練り込まれたジャコウウシの血痕。大きな獲物を食べるたびに赤黒マスクが現れる

下｜ 大人と子オオカミがじゃれ合っている。いや、大人が遊んであげている。オオカミたちは舐めたり、嗅いだり、とっくみあいをしたり、ふれあいが大好き。なにかとふれあっては、気持ちを確かめ合う。そのふれあい、スキンシップも長い毛を介して行われる。写真のようにホッキョクオオカミは、ハイイロオオカミの亜種のなかでも毛深く、毛が長い。短い夏の日を涼しく、清潔に過ごすためには、この長い毛は不要だ。そのため、オオカミの冬の毛は抜け落ちる。抜けた毛の毛玉がたくさん体につながる。それが落ちてなくなる頃、すぐにやって来る冬に備えて下毛が生えはじめる。同じような純白の毛をもつホッキョクギツネの夏毛は、大地の色に合わせて褐色に変わる(182ページ)。自分を守るための保護色だ。ホッキョクオオカミの白い毛は、ホッキョクグマと同じように夏になっても同じ白。天敵がいない彼らにとって、保護色は必要ないのだろう

上｜子オオカミがひとりで遠吠えしている。小さいながら、見た目はかなりさまになっている。16、17ページの大人たちの遠吠えと比べていただければ分かるだろう。ただし、まだとぎれとぎれで、幅のひろい音域では遠吠えできない。オオカミの子どもたちは、早くから遠吠えの練習をする。子どもどうしでも練習するし、子どもたちの高音の遠吠えに合わせて大人たちが楽しく合唱したりする。遠吠えは、凍れる薄闇のなかで何kmも離れた仲間と連絡を取り合う手段である。同時に縄張りの境界を表す音の壁でもある。ほかの群れに「われらの棲む世界に近づくな」と警告をしているのだ

下｜北極の冷たい風が削りだした岩肌の抽象模様。巣穴のファサードは、大自然が彫り上げた現代アートのようだ。そのまわりで5頭の子オオカミたちがくつろいでいる。オオカミらしい顔つきが、少し白くなりかけているので生後7〜8週ほどだろうか。生後3〜4週だと、まだ耳も鼻も足も、もっと短く子猫のような顔をしている。ホッキョクオオカミの子の毛は、生まれたときは褐色がかった灰色で、季節の移り変わりとともに変化する。秋には黄葉にあわせてオレンジ色がかってくる。子オオカミは大人たちとちがって、さまざまな獣や大きな鳥にも狙われるので、身を守る保護色としてのカモフラージュが必要なのだろう。大人の毛色に変わりはじめるとき、まず顔の中心が大きな白いマスクをかぶったようになる

写真の手前から、群れのリーダー、バスターとそのつがいのミドバックらが追う。ジャコウウシたちは横並びで逃げる。その向こうで待つのは、群れの仲間のメス、マム。だが、狩りはそう簡単には成功しない。何日もかけて、毎日ジャコウウシの群れを調べる。試し攻撃をして、子ウシとか、怪我や病気で弱っている大人のウシを探す。攻撃して、手にあまれば、素早く次の群れを探す。ホッキョクオオカミの5倍以上もあるジャコウウシの成獣を倒すのは容易ではない。逆に、角で引っかけられて殺されてしまうかもしれない。狩りは、一日一日が命がけなのだ

上｜ 家族で狩りをする

子どもたちの待つ岩の巣穴から60km弱。広大な縄張りのはずれまでやってきた。大人だけの10頭の群れ、3頭の群れ、いずれのジャコウウシ狩りも失敗。もう後がない。1頭が坂を駆け上がりながら風の匂いをかぐ。ついに3頭の子ウシのいる群れを見つけたのだ。リーダーのつがいのメス、ミドバックを先頭に、ネコがはうように忍び足で近づいた。1頭の子ウシを引き離す。2頭目の子ウシのわき腹を襲ったとき、円陣を組みおわったジャコウウシの群れから母ウシが飛び出し、角を激しく振った。オオカミがひるんだすきに2頭目の子ウシは円陣に取りこまれた。オオカミたちはこの状況をすぐに判断して、ジャコウウシの群れから引き離した最初の子ウシを追った

下｜ 家族で獲物を分け合う

1頭が子ウシのわき腹を噛み、もう1頭が鼻を噛む。そして、死骸となった子ウシを食べはじめた。オオカミ1頭あたり10kgほど、2時間かかった。食後に近くの池で水を飲み、体を洗い、草原に転がって体をふいた。ひと休みして、帰りを急ぐ。お腹をすかせた子どもたちが待っているからだ。巣穴から数kmあたりで遠吠えをして、狩りの成功を子どもたちに伝えた。子どもたちは尻尾を激しく振って迎えた。大人たちは、得意げに歩きまわり、子どもたちに肉を吐き出した

ホッキョクオオカミにアルファは存在しない

「オオカミは、個体間に階級があり、その第1位である「アルファ」のオスが君臨する大きな群れをつくって暮らしている」。そう最初に主張した一人は、オオカミ研究の第一人者であるアメリカのデイヴィッド・ミーチであった。そして長年、オオカミの群れはそのような集団であると広く信じられてきた。

しかし、後にミーチは前言を翻し、実際にはアルファのオスなどいなかったと考えるようになる。そう彼に結論付けさせたのは、エルズミア島における13年におよぶホッキョクオオカミの観察であった。ミーチは言う。オオカミは人間と同じように家族単位で暮らす動物であり、群れの構成メンバーは、基本的には両親とその子どもたちだけなのだと。つまり、オスメスのペア1組を中心とし、ペアがその年に生んだ子どもたちと、同じくそのペアが数年以内に生み成熟した子どもたちだけなのである。

ではいったいどうして、ミーチは最初アルファのオスがいると考え、長い間広くそう信じられてきたのだろうか。それは、ホッキョクオオカミ以外については、オオカミの社会構造についての研究のほとんどが、人間の飼育下にいるオオカミの観察によって行われてきたからであるという。飼育下のオオカミが作る群れは、ほとんど常に、血のつながった家族によって自然に形成されたものではない。もともと互いに関係のない個体同士が人間の都合で勝手に一緒にされてできた集団だった。すると、オオカミもそのメンバーで平和に暮らしていくしかなく、その結果として生まれたのが、1組のアルファのペアだけが繁殖し、全体を支配するという社会構造だったのだ。

子どもたちの間には階級があると考える研究者もおり、ミーチもその点には結論は出していないようだが、それはあくまでも家族内での話である。かつて考えられていたアルファを中心とした群れのあり方が誤りであることは、現在では専門家の見解は概ね一致している。

また、いわゆる「一匹狼」という存在についても解釈は変わった。かつては群れに属さずに1匹で生き続けるオオカミがいると考えられてきたが、こちらも基本的には親元を離れて、パートナーを探している過程の若い個体にすぎないことが明らかになってきた。

群れの構造に限らず、人間はオオカミについて大きく誤解してきたようである。人間社会から遠い、本当の野生世界に生息するホッキョクオオカミの生活を、可能な限り、ありのままの状態で残していけるか。それは私たちの手に託されている。

ひづめの発達したジャコウウシはどんな岩場でも、岸壁でも難なく登る。柔らかい下毛を保護する剛毛は1mもある。気温がいくらに下がっても平気だ。ホッキョクオオカミに丘の上に追いつめられても恐れる風もない。ジャコウウシのつがいは2頭でも防御のための円陣を組もうとする。樹木のない環境で太古から育んできた戦術だ。群れが集まると全体で360度の放射状に並び、横腹をくっつけ合って、角と前足のひづめを外側に向ける。子ウシたちは円陣のなかで安全だ。だから、子ウシが円陣に隠れる前に捕らえられるか、どうかが、オオカミたちの狩りの成否を決める

仲間たち

ディンゴが巨大な岩の前にたたずんでいる。岩場は、彼らの隠れ家でもある。無数の奇岩が林立するデビルズマーブル。先住民族アボリジニの聖地だ。ディンゴは現地、ダルク語での呼び名で、かつてヨーロッパ人が入植するまでは、アボリジニと密接な関係をもちながら暮らしていた。しかし、今ではアボリジニ文化の崩壊と野犬との交雑により、ディンゴとアボリジニとの間に存在した複雑な関係はほとんど失われてしまった

撮影地｜オーストラリア（北部準州
デビルズマーブル保護地域）
撮影者｜Jurgen Freund

Part 3 —— Wolf-Like Clade

オオカミの

犬を知る者は狼の真実を知り
狼を知る者は犬の真実を知る

狼が飼われて犬になったのではない
犬の祖先は狼ではない
狼と犬は
同じ祖先から枝分かれした
兄弟である
そして、狼に最もも近いＤＮＡをもつのは
ユーラシア大陸の東の果て
小さな島国で純血を守った古代犬
柴犬と秋田犬である

三角形の立ち耳が特徴で、幅広のくさび形の頭が体に比例して大きい。犬歯も犬より長くて細い。体毛は、砂色から濃赤褐色まで幅があり、不規則だが、胸や足先、尾先が白い。見た目は中型の犬だが、社会構造は群れをつくるオオカミに近い。2割は若いオスなどの単独行動で、ペアも多い。8割が2頭から最大で13頭ほどの群れをつくる。写真のように優位を示す挨拶行動は見られるものの、オオカミの群れほどの（きちんとした）儀式ではないようだ。移動や獲物を食べるときなどに繁殖オスがリーダーを務めても、オオカミほど互いに攻撃的でなく、優位な繁殖ペアが群れのメンバーの交尾を妨害することもないという

撮影地｜オーストラリア（北部準州）
撮影者｜Winfried Wisniewski

ディンゴ

ディンゴは、果たして野生イヌか、イエイヌか

他の大陸と切り離されて長い時間を経てきたオーストラリア大陸には、固有の動物が複数いる。その１つが、ディンゴである。

ディンゴの起源については諸説あり、はっきりしたことはわかっていない。約２万年前にオーストラリアの先住民であるアボリジニの人々がアジアから渡ってきたときに家畜イヌとして連れてきたか、４０００〜５０００年ほど前に東南アジアからやってきた航海者たちが食糧として連れてきたか。そのいずれかとすれば、３５００年ほど前の壁画に初めてディンゴらしき動物が登場することなどから、後者が有力だろうと言われてきた。そして、連れてこられた後に野生化し個体数を増やしたのだろう、と。ディンゴについての研究は、動物そのものだけでなく、人類の歴史や人間と動物の関わりについても教えてくれるため貴重だ。

しかし、２０１１年には意外な研究結果が発表された。そこではディンゴは、中国南部に起源を持ち、徐々に移動して東南アジア、インドネシアを経て、４６００年前〜１８３００年前のどこかの時期にオーストラリア大陸にやってきたことが示唆されている。アジア各地の９００以上のイヌのミトコンドリアＤＮＡを調べた結果、そのような痕跡をたどることができたのだ。

とはいえ、ディンゴの起源については、未だ決着はついていない。分類においても、ハイイロオオカミの亜種の１つとする説もあれば、独立した種であるとする説もあり、説によって学名も複数ある。

現状オーストラリアだけに生息する（類似するイヌは東南アジア各地に見られる）。群れのあり方や行動は、ハイイロオオカミによく似ていて、ハイイロオオカミの亜種であるイエイヌとは交雑できる。今では、両者の子が増え、純粋にディンゴと呼べる動物が減少していることも問題の１つだ。

他の大陸にはいない上にオーストラリアでも純粋種が減っているため、保護の対象となっている。その一方で、家畜を襲ったりするゆえに、駆除すべき害獣でもある。駆除に当たって「体毛が黄色いのは純粋な個体なため駆除しない。それ以外の色の個体は保護対象外ゆえに駆除してよい」ということになっていたが、２０１４年になって、じつは純粋種は必ずしも黄色ではないことが判明した。純粋なディンゴを守るためには、方法を変えなければならなくなった。これまで信じられてきた説にも今後修正が生じる可能性が出てきそうだ。

ディンゴの分布

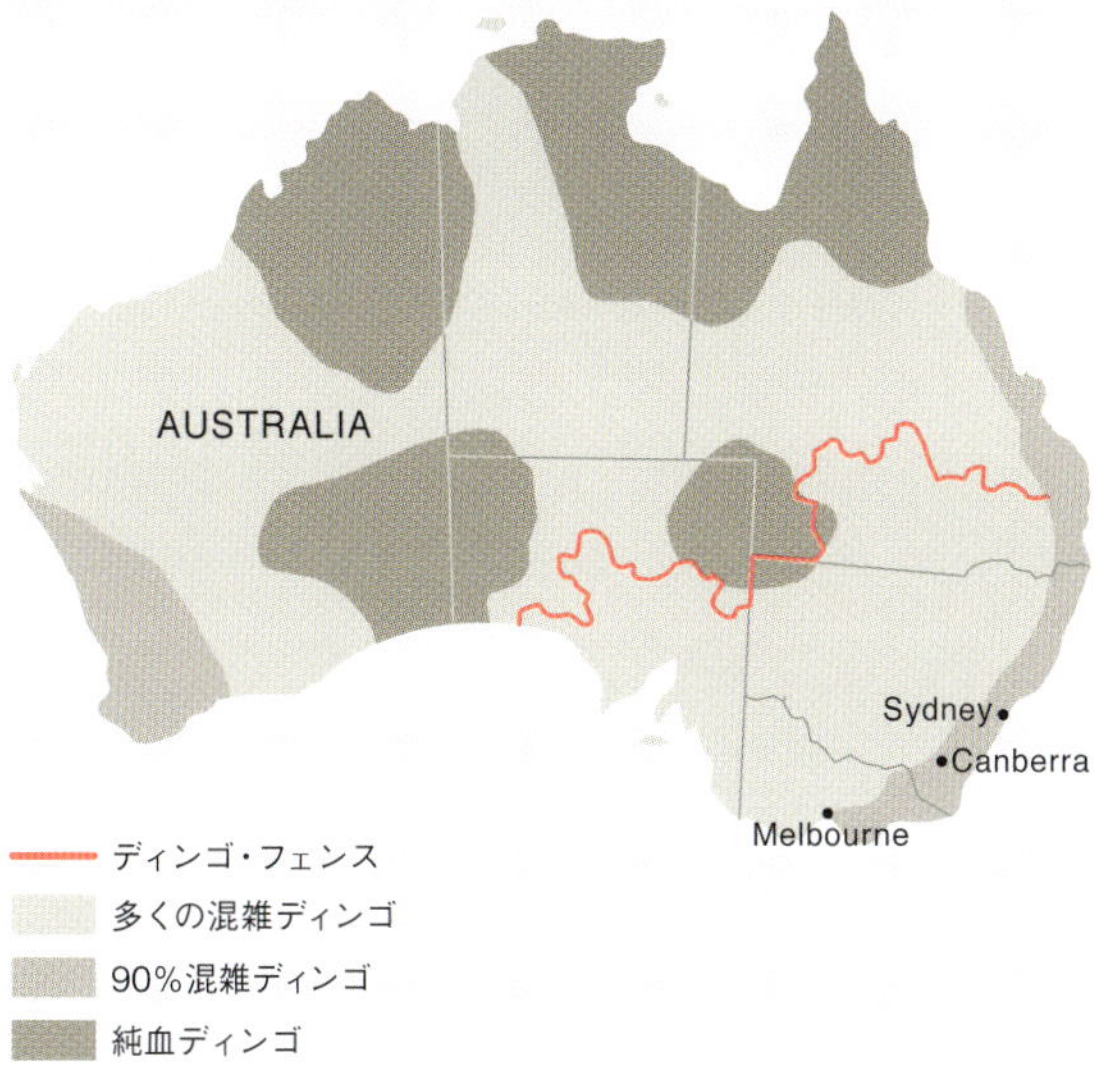

DATA

和名	ディンゴ
英名	Dingo
学名	*Canis lupus dingo* ／ *Canis dingo*
保全	IUCN レッドリスト— 評価の対象外
体重	9～21.5kg
頭胴長	72～100㎝
肩高	55㎝
尾長	21～36㎝

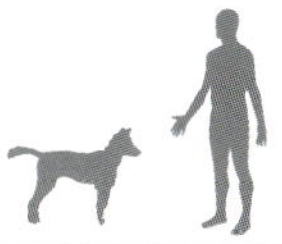

右 | 血縁の家族だけで暮らす

警戒状態のディンゴの群れ。かつてはオーストラリア中に生息していたが、家畜を守るためのフェンスが張られ、現在は乾燥した、農業が盛んでない地域に限られている。飼いイヌとの交配も進み、地域によっては半数が交雑種であり、純粋種の生息数も推定できない。食性は、何でも食べられるので、地域によって差がある。カンガルーなど大型の有袋類は群れで狩り、食料の2割を占める。そのほかウサギやネズミなどのげっ歯類などを含めると、哺乳類は食料の7割以上。鳥が2割弱で、は虫類、魚、カニ、カエル、昆虫、果実から死肉まで食べる

撮影地 | オーストラリア
撮影者 | Jurgen and Christine Sohns

左 | 子育ては群れの皆で

木の洞で子育てするディンゴ。飼いイヌが年2～3回出産するのに対し、ディンゴは1回のみ。秋から初冬が発情期で、妊娠期間は63日。1～10頭、ふつう5頭ほどの子を産む。2カ月ほどで乳離れし、1年ほど親と暮らす。2～3年ほど両親などと群れをつくり、狩りをして暮らすこともあるという。子どもは群れ全員で世話をする。ディンゴはある程度の保護は受けているものの、農家の家畜を守り、狂犬病のコントロールという観点から害獣として駆除の対象ともなっている。しかし、ディンゴは数千年にわたって人による選択を受けていない。その存在は、イエイヌの起源や人類の移動の歴史を解明するうえで重要な手がかりでもある

撮影地 | オーストラリア　撮影者 | Roland Seitre

ニューギニア・シンギング・ドッグ

姿形がオーストラリアのディンゴに似た中型犬で、丸めの立ち耳。濃いチョコレートブラウン色で生まれるが、6週間ほどすると明るい褐色に変わる。鼻づらも年とともに白っぽくなる。顎の下、胸、足、尾に白い模様が入る。体色には白系、褐色系、ブラック・アンド・タン（黄褐色）、黒のグラデーションなどのタイプがある。本格的な調査は行われていないが、飼育下、野生を含めても総数は500頭に満たないとの説がある

撮影地｜パプアニューギニア
撮影者｜Daniel Heuclin

目の色は濃い琥珀色から濃い茶色だが暗い場所で眼に光が当たると、明るい緑色の輝きを放つ。ふさふさした垂れ尾をもつ。野生ではワラビーなどの小型の有袋類、ネズミの仲間、クスクス、コヒクイドリ、他の鳥、果実を食べる。繁殖期は8月から12月。妊娠期間は58～64日、平均63日で1～6頭の子を産む。性格は「非常な恥ずかしがり屋」との記録がある。かつて8頭が捕獲されて、その子孫が残るが、ほとんどが高齢化しているという

撮影地｜パプアニューギニア　撮影者｜Jurgen and Christine Sohns

熱帯の地で歌をうたう原始犬の正体とは？

南太平洋のニューギニア島の高地にのみ生息するニューギニア・シンギング・ドッグは、オーストラリアのディンゴの近縁種であると言われている。両者ともにはっきりした起源はわかっていないが、遺伝子研究の結果は、この2種の遺伝子が他のイヌ類とはかけ離れていながら、互いに似通っていることを示した。また、ニューギニア・シンギング・ドッグは、現存する最古のイヌ類の1つであり、飼いイヌの祖先である可能性もある。

20世紀終盤には何十年も目撃されることがなかったため、すでに野生では絶滅したとも思われていたが、2012年、島を訪れていたツアーグループが山の奥地でそれらしき動物を発見して撮影に成功した。ただ、ニューギニア・シンギング・ドッグは一般に、毛の色が赤茶色だったり、黒地に褐色の斑点があったりすると考えられている一方、写っていた動物の毛の色がその範疇には入らない明るさだったため、否定的な意見を述べる専門家もいた。しかし、2016年には、インドネシアとアメリカの動物学者による研究チームが設置した自動カメラに、少なくとも15頭の姿が捉えられた。野生でも絶滅していなかったことが確認されたのだ。

このイヌは、名前に「シンギング」とある通り、歌うような声で遠吠えをすることが知られている。遠吠えの長さは最大5秒ほどであり、はじめに音の高さが急激に上がり、その高さを最後まで保つのが特徴である。そして、数頭で一緒に遠吠えするときは、全体として30秒から数分続き、コーラスのように聞こえるという。ハイイロオオカミやコヨーテなどの遠吠えとは大きく異なり、ディンゴともはっきりと区別できる。

野生では絶滅が危惧された一方、各国の動物園や個人宅に現在計300頭ほどが飼育されているという。研究者が山奥に探しに行ってもなかなか見つからない動物が、個人宅にペットとしているのは不思議でもあるが、5000年以上前、元来人間のそばにいた家畜イヌが野生化したものだろうと推定されていることを考えると、むしろ自然なことと言えるのかもしれない。

DATA

和名	ニューギニア・シンギング・ドッグ
英名	New Guinea Singing Dog
学名	*Canis lupus hallstromi* ／ *Canis hallstromi* ／ *Canis lupus dingo*
体重	9～14kg
頭胴長	65cm
肩高	31～46cm
尾長	24.5cm

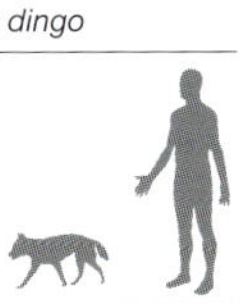

柴犬

日本犬では最古の犬種で、紀元前の縄文時代の遺跡から先祖の骨が発掘されている。唇が引き締まって、きりっとした顔立ち、小型ながらがっしりした体、直立耳、太くたくましい尾が巻き上がり、猟犬だったタフな一面を表す。額が広く、ほおがよく発達して、賢くも、愛らしくも見える。短毛の上毛は硬く、まっすぐで、下毛は柔らかく密生している。毛色の多くは赤毛で、薄茶色を基本に赤茶から濃い橙色までさまざま。数は少ないが、黒地に薄茶の眉の黒毛、赤に黒が混じった胡麻毛、全身まっ白の白毛などがある

撮影者 | G. Stickler

オオカミに遺伝的に一番近い犬は柴犬！

柴犬は日本在来の小型犬で、古くから本州の各地で飼われてきた。小型動物の狩りなどにおいても重宝され、かつては産地ごとに、美濃柴犬、信州柴犬、山陰柴犬、秋田柴犬の4つの系統名で呼ばれていた。戦後、食糧難や病気を原因に頭数が激減したが、その後、雑種化とともに保存・再興運動が進んだ末、現在の柴犬へと至っている。日本で現在飼育されている日本犬種は、北海道犬、秋田犬、甲斐犬、紀州犬、柴犬、四国犬、琉球犬の7種があるが、柴犬は、飼い犬全体の8割を占めるほど人気が高い。

加えて近年、柴犬は日本のみならず世界全体にとっても重要な存在であることがわかってきた。イヌの祖先はオオカミであると言われ、その起源を明らかにすべく長年研究が進められてきているが、スウェーデン王立工科大学のサヴォライネンらが2002年に発表したところによれば、じつは柴犬こそ、最も古い起源をもつイヌである可能性が示唆されたのだ。ユーラシアの38頭のオオカミと、ヨーロッパ、アジア、アフリカ、北アメリカの654頭のイヌから採取したミトコンドリアDNAを比較したところ、イヌは東アジアに起源を持ち、中でも特にオオカミに近いDNAを持つイヌの1つが柴犬であることが明らかになった。

ミトコンドリアDNAは母親のものだけが子どもに伝わるため、母系の祖先にはたどり着けるが、父系についてはわからない。そこで、サヴォライネンらは、Y染色体（通常雄の個体にのみ存在）の遺伝子についても犬種の間で比較したところ、ミトコンドリアDNAによる調査を支持する結果が得られている。

また、比較的新しい時代に作られた犬種同士の比較に適したマイクロサテライト配列（ゲノム上に散在する反復配列）による解析（ワシントン大学のパーカーら、2004年）においても、日本犬を含む東アジアのイヌの方が、欧米の犬種よりもイヌの祖先となる動物に関係性が近いことが示されている。

柴犬は、大胆で独立心が強く、かつ忠実で勇敢だ。その性格も原始的なイヌの特徴を残すものだと言われている。

DATA

和名	柴犬
英名	Shiba Inu／Shiba／Japanese Shiba Inu
学名	*Canis lupus familiaris*
原産国	日本
起源	古代
指定	日本の天然記念物（1936年）
体重	8～10kg
肩高	35.5～41.5㎝

柴犬の名は、桃太郎の民話「おじいさんは山へ芝刈りに…」の「柴」で、薪用の小枝に由来する。日本で最も人気のある日本犬だが、欧米やオーストラリアでも人気が高い。つぶらな三角の眼、鼻づらはほどよく太く、長すぎない。胸は厚く、胸骨がよく張っている。座ると前足はまっすぐに肘を胴体にぴったりとつけ、よく発達した後ろ足は力強く優美な尻を支える。各地の柴犬は遺伝的に隔たりがあり、それぞれ独特の風貌を引き継いできた。大きくは2種類あり、丸顔やオオカミ顔などの特徴をもつ

撮影者｜アフロ

イヌの起源を示すDNA解析の例（85犬種のストラクチャー解析）

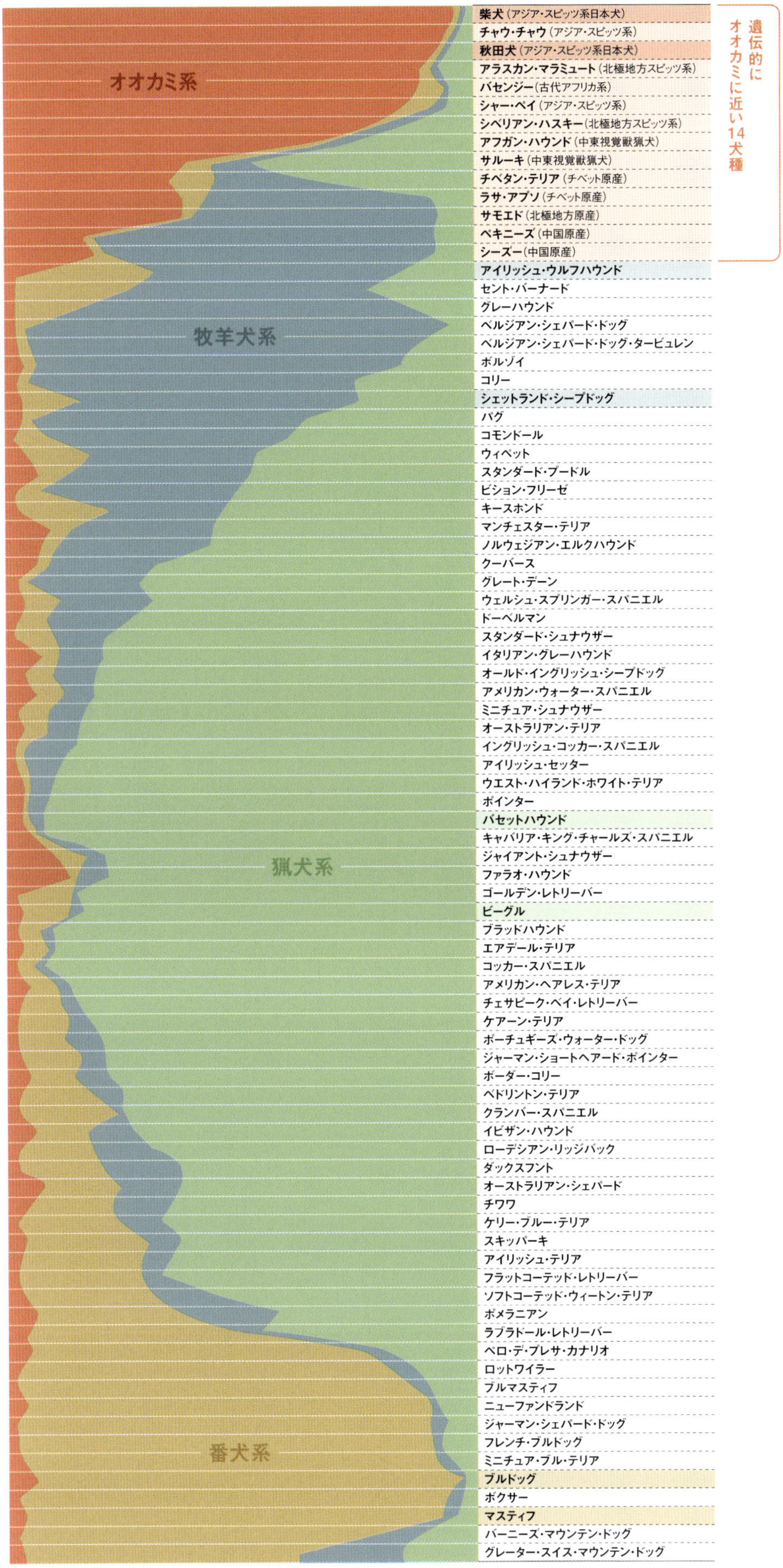

※ 棒の長さは、その犬種が色ごとのグループDNAをどれほどもつかを表す。オオカミを除くグループの名称は、代表的な犬種の特徴を示しているだけで、グループ全体の特徴ではない

出典:Heidi G. Parker et al., Science 304:1160

オオカミ系

85犬種のうち、左図の上から14犬種がオオカミに近いDNAをもつ。特に上位4犬種が最もオオカミに近い。日本犬はトップに柴犬が入り、秋田犬を含め半数を占める。最初のDNA解析では上位9犬種だけがオオカミに遺伝的に近いとして、ほかの多くの犬種から分類された。原始的な古代犬であるアジア・スピッツ系4種、古代アフリカ系1種、北極地方のスピッツ系2種、中東の視覚獣猟犬2種である。スピッツとは、日本の犬種ではなく、「立ち耳で尖った顔の犬」を意味する。欧米で作出された多くの犬種は分類されずに、まとまって検出された。そのため、より精度の高いストラクチャー解析により、東アジア産4種と北極地方産1種、計5犬種がオオカミ系に加わった。日本をはじめ、東アジアの犬がいかにオオカミに近いかが分かる。同時に牧羊犬系など3グループが検出された。これらのDNA解析により、イヌは各地域で独自に発生したのではなく、共通の祖先が各地に拡散していったこと、そのイヌの起源が東アジアであることが提唱された

柴犬　秋田犬

牧羊犬系

シェットランド・シープドッグなどの牧羊犬に、牧羊犬の祖先や子孫と考えられるセントバーナード、ボルゾイなどからなる

アイリッシュ・ウルフハウンド　シェットランド・シープドッグ

猟犬系

過去200年ほどのあいだに猟犬として作出された犬種。ファラオ・ハウンドなどは古代犬ではなく、その遺伝子から古代エジプトのイヌに似せて作出されたと推測される

バセットハウンド　ビーグル

番犬系

マスティフ、ボクサー、ブルドッグなどマスティフ系（使役犬）、ロットワイラーなど巨大さがマスティフ系に由来する大型犬。ジャーマン・シェパード・ドッグの遺伝的背景は不明だが、警察犬や軍用犬として改良されたためとされる

ブルドッグ　マスティフ

秋田犬

上｜原産地は秋田県大館(おおだて)や鹿角(かづの)地方。日本犬の中で最も大きい。がっしりした体躯の立ち耳で、力強い外貌をしている。落ち着いた、堂々とした風格を備える。感情を表に出さないような、ほかの犬にはない超然とした雰囲気をただよわせる。頭部は大きく幅広で、緩やかな三角形。尾は太く、高く掲げ、背の上で巻いている。小さな眼は暗褐色で、深くくぼんでいる。分厚い耳は小さい三角で、直立ではなく、首の後ろラインと同じ角度で少し前傾している。鼻づらは元が太く、先は細く尖らず、大きく黒い鼻。鼻づらと額のあいだにわずかなくぼみ(ストップ)がある

撮影者｜Manuel Dobrincu

下｜上毛は、硬い直毛で体から立つように生え、下毛は柔らかく、羊毛状に密生。毛色は、白、黒、赤、胡麻、虎、斑(ぶち)の6色が「秋田犬標準」として規定されている。白を除いて裏白(体の下面が白、または一部が白)とされる。虎は、墨絵のような黒い毛がトラのしま模様状に入ったもの。胡麻は、地色に黒の差し毛があるもの。差し毛は、上毛にやや淡色がかった毛がまばらに指す毛のこと。写真上は赤、下は虎に近いタイプ。秋田犬は海外で人気があり、飼育数も国内より海外のほうが圧倒的に多い

撮影者｜Thorsten Henning

戦争で多くの秋田犬が失われたとき、3タイプが残った。マタギ犬タイプ(一ノ関系)、交雑の進んだ闘犬タイプ(出羽系)、ジャーマン・シェパードとの交雑で生まれたシェパード秋田である。このうち出羽系が米国でシェパードなどと交雑され、アメリカン・アキタという別犬種が生まれている(米国では同犬種扱い)。写真はブサかわ犬として人気になった「わさお」と同じ長毛種。東北では「もく」などと呼ばれ、「秋田犬標準」の審査基準では「先天的に著しく短毛及び長毛」に該当し、日本の秋田犬展覧会(ドッグショー)などでは失格の1つとなる。そのため、かつては淘汰の対象ともなった。戦前に樺太犬と秋田犬が交雑したもので、樺太犬系の先祖返り。秋田犬から1割ほどの長毛が生まれるという

撮影者｜Zoonar GmbH

オオカミに最も近いもう一種の古代犬

7種ある日本犬種の中で唯一、大型に分類されるのがこの秋田犬である。秋田県にはもともと、クマやイノシシなどの大きな動物の狩猟に用いられていた「マタギ犬」がいたが、その流れをくむ。

「秋田」の名が正式につけられたのは1931年と新しいが、1930年代に「忠犬ハチ公」の話[*1]が知られるようになると、その犬種である「秋田」という名も一気に広く知れ渡った。

ところで、日本犬が最も古い起源を持つイヌである可能性が遺伝子の研究によって示唆されたことは68ページに書いた通りだが、秋田犬もまた、特にオオカミに近いDNAを持つことがわかってきた。

2010年にカリフォルニア大学のフォンホルズらによって、一塩基多型(SNPs)[*2]の情報を元にした解析が、85犬種912頭のイヌと11地域の225頭のオオカミの48,000のSNPsについて行われると、遺伝的にオオカミに近いと判定された6犬種の1つの中に秋田犬が入っていた。秋田犬は、2004年のマイクロサテライト配列による解析に続き、オオカミとの近さが裏付けられた(柴犬は、2010年の研究では扱われていない)。

とすれば、さらに過去に遡ると、秋田犬や柴犬はニホンオオカミへとつながるのだろうか。そうではない。ニホンオオカミと日本犬の遺伝的なつながりは否定されている。日本犬は、オオカミが家畜化された結果ではなく、イヌとして日本列島に渡ってきたと考える方が妥当なようだ。そもそも、オオカミが家畜化されてイヌになったという長年の通説そのものも否定されつつある。

イヌは、人と共生を始める何万年も前からオオカミとは別の進化をたどっていた。そして、他者を受け入れるという、オオカミとは異なる性格によって、人間と生活する道に進んだらしいことを、現在の遺伝子解析の結果は示唆している。

＊1——飼い主が仕事から帰るのを毎日渋谷駅で待っていた犬のハチ公が、飼い主が亡くなった後も毎日待ち続けたという実話

＊2——SNPs：遺伝子配列の1つの塩基が別の塩基に置き換わったような、個体の間の遺伝情報のわずかな違い

DATA

和名	秋田犬
英名	Akita／Japanese Akita
学名	*Canis lupus familiaris*
原産国	日本
指定	日本の天然記念物(1931年)
体重	約32～47.5kg
体高	オス66.7㎝、メス60.6㎝(±3㎝まで可：秋田犬標準)
体高 体長の比	100：110(秋田犬標準)

コヨーテ

とがった鼻づらがややキツネに似ているものの、コヨーテは体型的にも分類的にも、イヌ科の中で最もハイイロオオカミに近い動物である。だが、最も異なる点のひとつが大きな耳。内側は柔らかな白毛におおわれ、外側はにぶい茶色がかった黄色。視覚の鋭さや嗅覚の強力さはあっても、残念ながら大きな耳のわりにイヌ科の中で聴力が突出しているわけではないという。写真は雪の残る2月にとらえた野生のポートレイト。コヨーテはイエローストーン国立公園の生態系で頂点の一角を占めていたが、オオカミの再導入によってその数を減らしているという

撮影地｜米国（ワイオミング州イエローストーン国立公園）
撮影者｜Danny Green

西部劇さながら荒野に一人たたずむコヨーテ。まさに英語の異名「プレーリーウルフ(大草原のオオカミ)」そのままの姿だ。孤独なコヨーテがさすらう地の名はデスヴァレー、死の谷。遠くには雪をいただいた、3千mを超えるテレスコープ山がそびえ立つ。デスヴァレー国立公園は、米国で最も気温が高く乾燥した場所で、夏には気温が50度に達する。降水もほとんどなく、砂漠のような灼熱の地である。このような過酷な環境にも適応できるからこそ、コヨーテはその生息地を広げていったのである

撮影地 | 米国(カリフォルニア州 デスヴァレー国立公園)
撮影者 | Florisvan Breugel

コヨーテは大草原の
オオカミと呼ばれた

小さいだけで、姿形はオオカミそのもの

はらりと雪を落として雪原の上で尾をたたみ、右前足をすっと伸ばす。どこをみつめているのか、しかめっつら。コヨーテはオオカミにくらべて全体にほっそりしている。顔も鼻づらもシャープで、キツネにはちょっと遠いけど、オオカミには少し近い。くわしい姿形の研究によると、コヨーテとオオカミはほぼ同じカタチ。もしも、オオカミが小さくなれば、コヨーテそっくりになるという。リトルウルフ、小さなオオカミ、もう一つのコヨーテの異名どおりなのだ

撮影地｜米国（ワイオミング州イエローストーン国立公園）
撮影者｜Ben Cranke

おしゃべりなコヨーテ

オオカミの遠吠えは長く底深い。コヨーテの遠吠えは、甲高く耳障りな音にも聞こえる。主に仲間に自分の場所を伝えたり、縄張りを主張しているのだが、暮れ時や明け方に仲間でコーラスすることもある。哀愁をおびたオオカミの遠吠えとはほど遠く、断末魔の叫び声のようにも聞こえる。この合唱が２分近く続くこともあるのだから、アメリカの荒野はさぞ不気味かと思えるが、先住民はコヨーテを荒野の賢者としてその言葉を伝えつづけたという。先住民にしか聞こえないコヨーテの歌があるのかもしれない。写真は母子のコーラスで、子どもの遠吠えの声は、か細くやさしい。オオカミをはじめとする野生のイヌは、よほどのことがないかぎり吠えない。コヨーテは頻繁に遠吠えするだけでなく、イエイヌなみによく吠え、最も騒がしい野生イヌともいわれるが、逆に音声でのコミュニケーションが発達した野生イヌなのかもしれない

撮影地｜米国　撮影者｜Roland Seitre

ジャンプ！ 狙うのは小さな獲物だけ

ジャッカルと同様に自然界の「掃除屋」として知られるイヌ科の動物のうち、北アメリカと中央アメリカにすむのがコヨーテだ。

主にウサギやネズミを食べるが、それ以外にもウシやヒツジの死体、昆虫、鳥、ヘビ、トカゲ、果実、雑草、人間のゴミなど、手近にあって食べやすいものは何でも食べる。

それゆえ、あらゆる環境への適応が可能だが、とりわけコヨーテが好んで選ぶ生息地は、草原や、木々が点在するような開けた土地である。夜行性で、日中は基本的には巣穴で過ごし、日没後に活動を活発化して、狩りなどを行う。

体長（頭胴長）はあまり大きくはないために、前述のように、狙うのは小さな獲物が中心であるが、その方法はとても巧みだ。

たとえばコヨーテは死んだふりをする。動物の死体を食べるカラスのような鳥に対して、自ら死体を装っておびき寄せ、相手が十分に近づいてきたら飛び起きて相手に噛み付き捕えるのだ。また通常、小さな獲物に対しては数m手前から忍び寄るが、必要であれば50m手前から15分もかけてじっくりと忍び寄ることもあるという。

一方、シカなど大きな獲物に対しては、数頭が交代でリレー式に追いかけることもする。時速60km以上で追いかけ、疲れてきたら次のコヨーテにバトンタッチ。そのコヨーテが疲れてきたらさらにその次、といった具合である。また、捕まえた大きな獲物を食べるときには、たとえば6頭の群れであれば、3頭が食べているときに残りの3頭は獲物を横取りされないよう見張る、ということもする。実に賢いのだ。

コヨーテは、その名前が当地のアステカ族の言葉で「吠えるイヌ」を意味する「coyotl」に由来するように、遠吠えすることでも知られる。これが仲間内でお互いの場所を知らせ合うなど、コミュニケーションの手段となっている。

オオカミをはじめ、多くの野生のイヌ科の動物が現在、人間に捕獲されたり、生息場所を奪われたりして減少していく中、コヨーテは、他の動物が減少した隙間を埋めるように増えてきた。また、人間が暮らす環境に進出して拡大を続け、大都市の周辺でも見られるようになっている。それは彼らが、ゴミなどを食べて生きられるというたくましさとともに、かなりの用心深さも併せ持っているためのようだ。人間が設置した罠にも、そう簡単にはかからないのである。

イヌ科の動物は、ネコのようなパンチをしない。ネコの仲間やクマは、前足の強力な瞬発力と柔軟な関節を使って獲物の首の骨を折ることができる。しかし、イヌ科の動物は、4本の足を長距離走に特化したためか、前足をヒトの腕やネコの前足のように器用に使うことができない。だから、軽量のイヌ科であるアカギツネやコヨーテは、ほぼ同じワザを繰り出す。小さな獲物をねらうとき、パンチではなく、強力な後ろ足の筋力で垂直にジャンプし、重力を使ってとらえる。2本の前足で押さえつけ、その後に歯で仕留める。コヨーテは数メートル手前から忍びより、獲物の位置を確かめてから飛び上がり、真上から襲いかかる。小さな獲物を地面に押しつけてからかみ殺すのだ

撮影地｜米国（ワイオミング州北西部）
撮影者｜Tom Mangelsen

家畜殺しの汚名を着せられて

コヨーテはもともとアメリカ西部を中心に分布していたが、ここ数百年の間に拡大を続け、いまでは北はカナダやアラスカまで、南は中央アメリカのパナマやコスタリカにも生息する。その要因は、前ページに書いた通り、オオカミなど他のイヌ科の動物が減少し、コヨーテが拡大する余地ができたことや、森林の伐採や農地の拡大など、コヨーテの生息に好ましい平原が増えていったことが挙げられる。

ただ、人間からは長年駆除の対象とされ続け、毒殺、射殺、罠での捕獲、といった方法で年に12万頭以上もが殺された時期もあった。コヨーテは「家畜を襲う」と考えられてきたためである。

しかし、実際にコヨーテの胃の内容物を調べてみると、必ずしもそうとはいえないことがわかってきた。数千頭にも及ぶ調査の結果、その中で家畜や家禽を食べていたのは1割強にすぎないというのだ。

誤解された原因は、半ば食べられた状態のウシやヒツジの死体のそばにコヨーテの足跡が見つかることが多いためらしい。実際には、そういったケースの多くは、動物は他の原因で死に、コヨーテはその死肉を食べているだけだったのである。

ただし、コヨーテはイエイヌと交雑でき、その子どもはコイドッグと呼ばれるが、こちらはコヨーテよりも積極的に家畜や家禽を攻撃する傾向があるようだ。

また、長らくコヨーテは単独生活者と考えられてきたが、ここにも少し誤解であったことがわかっている。アメリカの西部劇において、荒涼とした風景の中を独りさすらう存在として描かれることが多かったためにそう信じられるようになったらしいが、実際には、オオカミと同様にペアを基本とした群れで暮らすケースが多いのである。

ペアのメスは、年に1度、平均6頭を出産する。ほとんどの子は生後1年で親元を離れ独立するが、独立が遅れて「ヘルパー」として群れにとどまる子どももいる。そして群れはみなで生活し、大きな獲物を狩る際には互いに協力するのである。

ただ、コヨーテは、オオカミほど個体同士の結びつきが強くない。環境によって群れのあり方も変化する。大型の獲物を得やすい場所では8頭までの群れがよく見られるが、小型哺乳類しか獲れない場所では単独行動するコヨーテもいるという。

環境に合わせて群れがさまざまな形を取りうる柔軟性を持つことによって、コヨーテは分布範囲を拡大していったのだろうと考えられている。

野ネズミから大型のシカまで、さまざまな大きさの動物を狩るコヨーテにとって、最も大きな問題の一つが獲物が少なくなる冬場の食べ物。その最も効果的な解決方法が、冬場でこそ多くなる飢えや病気で死んだ動物たちを食べること。特に11月から4月までの主食は死肉になることも多い。腐った肉まで食べるので、同じ食肉動物のハイエナやジャッカルとならんで自然界の掃除屋と呼ばれる。その掃除屋が残したものを片づけるのが写真のカササギなどのカラスの仲間やカケスたちだ

撮影地｜米国（ワイオミング州イエローストーン国立公園）

子どもたちのいる巣の中は、いつも清潔

お腹が空いたのか、5頭の子どもたちが穴から出てきた。巣は写真のような岩の隙間や樹洞（じゅどう）を利用することもあれば、茂みのある斜面に自分で土穴を掘ったり、キツネやスカンクが捨てた巣穴を再利用することもある。巣穴はまれに10mに達することもあり、その突き当たりが母子部屋。中はいつでもとても清潔だ。コヨーテは一夫一婦制で冬の終わりに交尾して約2カ月後の春に子どもを産む。6頭ほどの子どもたちは2、3週間で巣から出てくるが、離乳はひと月半ほどかかる。オスは巣穴に入らず、最初はメスに、続いて子どもたちにエサを運ぶ。離乳後の子どもたちには半消化したものを吐き出して与える。生後2、3カ月すると家族そろって狩りに出る。9カ月ほどで大人と同じ大きさになり、ほどなく独立して旅立つ。コヨーテはイエイヌと交雑してコイドックが生まれるだけでなく、オオカミとも交雑してコイウルフが生まれている。コヨーテの生態を知ることは、イヌとは何か、独立した種とは何かを考えるヒントともなる

撮影地 | 米国（ワイオミング州イエローストーン国立公園）
撮影者 | Tom Mangelsen

コヨーテの分布

DATA

和名	コヨーテ
英名	Coyote
学名	*Canis latrans*
保全	IUCN レッドリスト— 軽度懸念（LC）
体重	7～23kg
頭胴長	70～100㎝
肩高	45～53㎝
尾長	30～40㎝

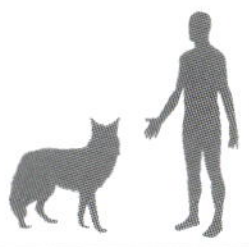

アフリカンゴールデンウルフ

アフリカの北東に位置するケニアの草原で死肉を食べている。10月は乾季の終わり頃なので、獲物も少ないのだろう。ジャッカルのように見えるが、2015年にオオカミの仲間の新種として発表されたアフリカンゴールデンウルフである。それまではアフリカに生息するキンイロジャッカルの亜種とされてきた。アフリカの北西から北東にわたる地域に分布する。ケニアはその最南端にあたり、写真はセレンゲティオオカミ（*Canis anthus bea*）とも呼ばれるアフリカンゴールデンウルフの亜種である。北部の亜種に比べると、やや小さく、色も淡く明るく、鼻づらがとがっている

撮影地｜ケニア（シャバ国立保護区）
撮影者｜Malcolm Schuyl

新種のオオカミか？ ジャッカルの亜種か？

２０１５年、アフリカで新しいオオカミの種が見つかった。このアフリカンゴールデンウルフである。ハイイロオオカミ、コヨーテ、ジャッカルを含むイヌ属に新たな種が加わるのは、１５０年ぶりの出来事であり、アフリカのオオカミは、エチオピアオオカミに続いて2種目となった。

この新たなオオカミは、これまで、同じイヌ属のキンイロジャッカルだと考えられていた。キンイロジャッカルは、4種いるジャッカルの中で最も広く分布する種で、ユーラシアからアフリカまでの様々な環境に適応して暮らしている。しかし、遺伝子を用いた解析によって、アフリカのキンイロジャッカルは、ユーラシアのキンイロジャッカルと祖先は共通するものの、１００万年ほど前に分かれて別の進化をたどってきたことが確認された。かつ、ハイイロオオカミの亜種でないことも判明した。これは、アフリカでキンイロジャッカルと思われていた動物がじつは新種であることを意味していた。この種はオオカミであるとされ、「アフリカンゴールデンウルフ」と名付けられたのである。

ちなみにジャッカルとオオカミの違いについては、一般的には、イヌ属の中で小～中型なのがジャッカルで、大型なのがオオカミ、単独かペアもしくは家族単位で暮らすのがジャッカルで、群れで暮らすのがオオカミ、といった点が挙げられる。また、狩りについても通常、ジャッカルは単独や少数で、オオカミは群れで行うとされるものの、両者に明確な線引きはないようだ。

アフリカンゴールデンウルフは、ユーラシアのキンイロジャッカルよりわずかに大柄で頭蓋骨が大きいといった違いがあるが、両者の外見は非常に似ている。１００万年前から別の進化の道をたどってきたにもかかわらず、なぜそれほど似たのかについて、新種発見において中心的な役割を果たした生物学者のクラウス＝ペーター・コエプフリは、両者が進化する過程で、同様の進化的圧力がかかったためだろうと説明する。すなわち、ともに砂漠の厳しい環境に適応する必要があった結果として、小型で痩身、かつ毛が薄いという、日光を吸収しづらい特徴を持つようになったのだろうというわけだ。

アフリカとユーラシアのキンイロジャッカルが1種ではない可能性については、２０１５年に確定する数年前から指摘があった。キンイロジャッカルの広い分布域を考えると、今後、さらに新種が見つかることもあるのかもしれない。

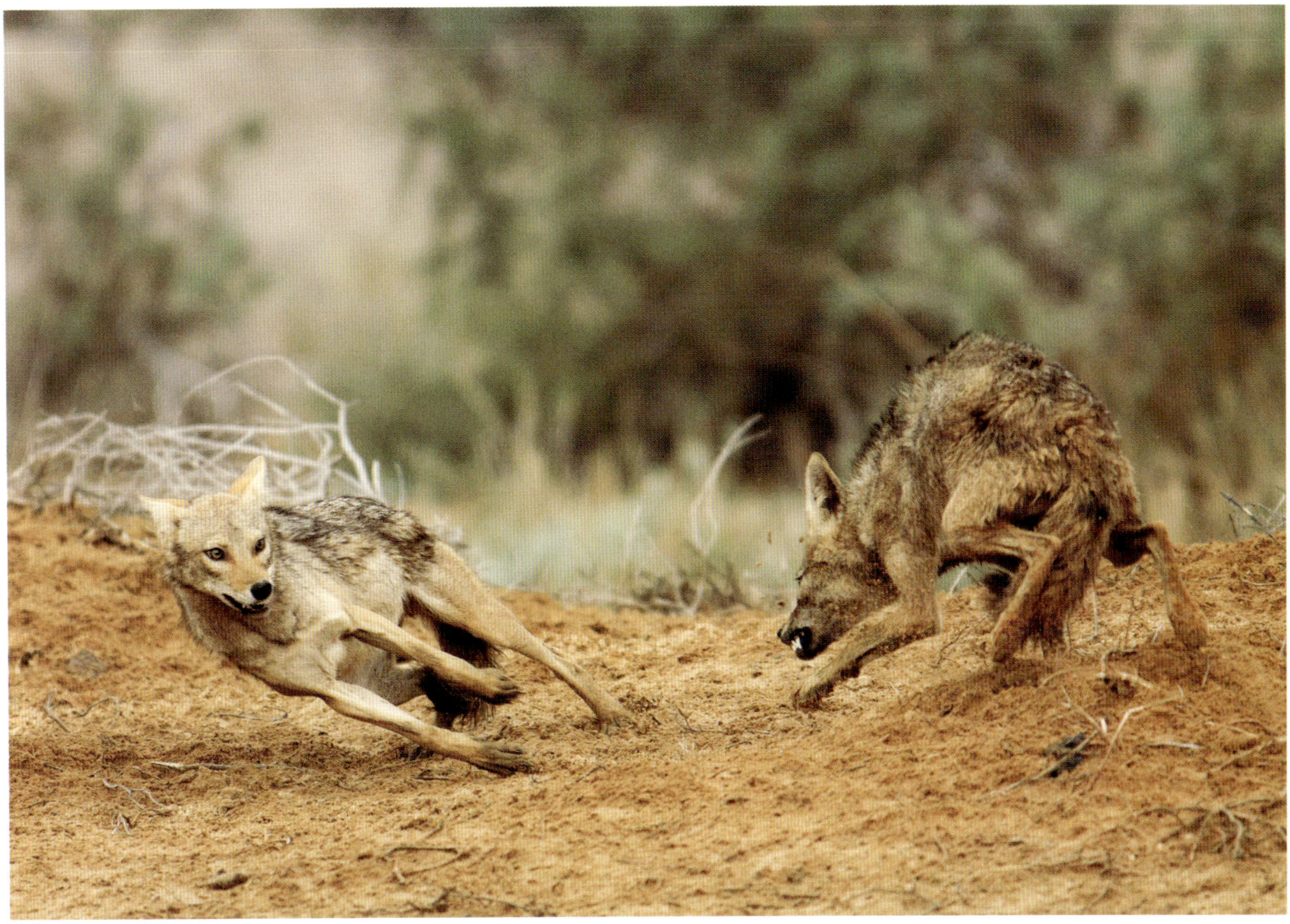

右｜大西洋に面する西アフリカのセネガル。その北部がアフリカンゴールデンウルフが生息する西端である。砂漠に接する半乾燥地帯の枯れ木のまわりで、4頭の若オオカミが珍しく、木の上に登ったりして遊んでいる。エジプトオオカミ（*Canis anthus lupaster*）とも呼ばれる亜種で、大きく、がっしりして、耳は小さいものの、ハイイロオオカミの形質が非常によく表れている。そのため、一時はハイイロオオカミの亜種とされたこともある。背は黄色っぽい灰色に、黒みがかった毛が混じる。鼻づら、耳、足の外側は赤みを帯びた黄色、口のまわりは白い

撮影地｜セネガル　撮影者｜Cecile Bloch

左｜セネガルにそろそろ雨季が始まろうとする7月。コブウシの死体をめぐって、2頭のエジプトオオカミ（*Canis anthus lupaster*）が戦い始めた。ハイイロオオカミにも似ているが、アフリカンゴールデンウルフの亜種だ。向かって右側の1頭が牙をむいて、攻撃の威嚇の表情をつくり、激しく攻め立てようとしている。自分の獲物を守ろうと、ものすごい角度で必死に動き回る、もう1頭。まだ、耳が寝ていないので、戦う気は十分だ。乾季にはほとんど雨は降らない。獲物の少ない乾燥した大地で繰り広げられた戦いの一瞬である

撮影地｜セネガル　撮影者｜Cecile Bloch

アフリカンゴールデンウルフの分布

絶滅地域

※ 国際自然保護連合（IUCN）の最新版レッドリスト（2008年）および最新版のMammal Species of the World Third Edition（2005年）では、新種発見以前の発行なので、キンイロジャッカルの亜種とされている

DATA

和名	アフリカンゴールデンウルフ
英名	African Golden Wolf
学名	*Canis anthus*
保全	IUCNレッドリスト—軽度懸念（LC）
体重	7〜15kg
頭胴長	60〜106㎝
肩高	38〜50㎝
尾長	20〜30㎝

オオカミ

エチオピア

ここはアフリカにある天空の秘境。草でさえ木のように育つ。巨大な高山植物ジャイアント・ロベリアが林立する間で、神社の狐像のように座るエチオピアオオカミ。名前のとおりエチオピアの固有種で、バレ山国立公園は最後に残された、小さな2つの生息地のうちの一つ。標高4,000m級のサネッティ高原は、楽園なのか、それとも、熱帯のアフリカの大地でありながら、凍りつくような煉獄なのか。絶滅の危機にさらされる彼らの生活を見てほしい

撮影地｜エチオピア（バレ山国立公園）
撮影者｜Anup Shah

絶滅寸前の
アフリカ最後のオオカミ

黄色いあでやかな花を背景に歩む、エチオピアオオカミの一歩の瞬間。静やかな眼が印象的だ。明るい赤茶色の体毛と白さの境界がくっきりしている。口まわり、のど、胸、足の内側は、まっ白。色鮮やかな毛なみは、高貴さをたたえているかのよう。そのとおり、彼らはアフリカに残された最後のオオカミなのだ

撮影地｜エチオピア（バレ山国立公園）
撮影者｜Will Burrard-Lucas

凍りつくような草の間で、大地を溶かす朝の光を浴びるエチオピアオオカミ。−7℃の草地にあっても、丸まるだけで平気のようだ。撮影されたエチオピア南部のバレ山国立公園とは別に、もう1つの生息場所に北部のシミエン国立公園がある。学名のsimensisはその生息地のシミエンに由来する名である

撮影地｜エチオピア（バレ山国立公園）
撮影者｜Will Burrard-Lucas

端正な横顔が
美しいオオカミ

やさしげな表情。見た目は犬である。耳はキツネか。足はすらっと長い。動物は、長くその姿形や骨、歯で分類されてきた。だから、彼らはジャッカルと呼ばれた。最近はDNA、遺伝子による分類が導入されたので、今はオオカミの仲間になった。見る角度で、犬やキツネにも、ジャッカルにも見える。ひと言でいえば端正な顔立ち。実は、だからこそ、生きのびることができた。エチオピアの野生動物保護のシンボル的な存在になったのは、この端正な横顔が効いたのではないか、ともいわれてる

撮影地｜エチオピア（バレ山国立公園）
撮影者｜Anup Shah

母親以外のメスも授乳する、群れでの子育て

氷河期にユーラシア大陸からアフリカ大陸に渡ったハイイロオオカミの子孫が、エチオピアオオカミだ。もともとはジャッカルの仲間と考えられていて、「アビシニアジャッカル」（「アビシニア」はエチオピアの旧称）とも呼ばれるが、現在では、オオカミの仲間だということがわかっている。

その名の通り、エチオピア国内だけにいるオオカミで、生息域は標高3，000m以上の高原台地や草原に限られている。同国北部のシミエン国立公園や南部のバレ山国立公園の該当する領域に点在している。

高地ゆえ、アフリカとはいえ気温はとても低くなり、草も凍る環境である。彼らはそこに適応して暮らしてきた。ただし、低地から徐々に高地に移っていったと見られていて、体色から考えると、最近まではぐっと標高の低いところにいたのではないかとも推定される。鮮やかな金色の毛で覆われた姿は美しいが、現在彼らが暮らす、灰色の岩や緑色の草に囲まれた環境では目立ちすぎるからだ。

また、このオオカミは、首から胸にかけて斑点や縞状の白い模様があるのが特徴的だが、これは、群れの中での地位が高くなるほどはっきりしてくるという。彼らは小さな群れを作って暮らすが、群れの中での順位が明確にある。優位なメスは毎年子どもを産むが、劣位なメスは出産せずに他のメスの子どもに母乳だけあげるといった具合である。子育ても、群れの中に何頭かの子育て役がいて、両親とともに彼らが一定の役割を果たす。子どもが食べものを必要とするときは、両親や子育て役のオオカミが胃の中から食べ物を吐き出して与えている。

そのように安定した群れを作って生活しているものの、エチオピアオオカミは、イヌ科の動物の中で最も絶滅の危険性が高いとも言われている。総生息数は現在600頭ほどと推定される。

個体数が減少する原因としては、狩猟や交通事故死に加え、高地の草原の多くが農地に転換されて生息域が減っていることも挙げられるが、最も大きな要因はイヌからうつされる病気だという。過去に、狂犬病にかかったイヌが飼い主とともに国立公園内にやってきたことで、狂犬病が広く蔓延し、エチオピアオオカミが個体数を大きく減らしたこともあった。そうしたことがないよう野生のイヌへ狂犬病の予防ワクチンを投与するなど、専門家たちがエチオピアオオカミを保護する活動を行っている。

はしゃぎまわる子どもたち。1歳になるまで、親や群れの大人たちからゴハンをもらえるので、ほかのイヌ科の動物にくらべれば、のんきなもの。子どもは、明るい赤茶色と白い部分が、大人ほどくっきりと分かれてはいないものの、同じ色系統と柄。とくに左の子が右の子に乗せている尾は、大人と同じ特徴。尾の先から半分ほどが黒く、尾の付け根側の半分は白い

撮影地｜エチオピア（バレ山国立公園）　撮影者｜Will Burrard-Lucas

生後10週ほど。ちょっと、うるさげに、大人のほうは逆向きに傾いている。日本語辞書の「まとわりつく」の例文にある「子犬がまとわりついて離れない」とは、まさにこのこと。ところが幼いオオカミの相手は母親でなく、歳ちがいの姉だという。母親が託した子育て役で、母親が縄張りの見回りや狩りに出かけている間に子どもの世話をする

撮影地｜エチオピア（バレ山国立公園）
撮影者｜Will Burrard-Lucas

こちらも上の写真と同じ関係。歳違いの姉と子どもたち。左側のすりすりする子、いとおしげに口づけする姉に、右側の不満顔のようで満足げな子ども。子どもが生まれるのは10～1月。2頭から、多くても7頭ほど。1～3月頃に子どもたちが元気に走りまわる姿が見られる。メスが子を産む母親になるのは6割ほどだが、子育て役も子を産むことがある。性成熟したメスは群れから独立して相手を探そうとするが、エチオピアオオカミの数が少ないため、イエイヌの子を産むこともあるという

撮影地｜エチオピア（バレ山国立公園）
撮影者｜Will Burrard-Lucas

狩りからもどって仲間に挨拶するエチオピアオオカミ。尾を振りながら、触れ合ったり、鼻づらをなめ合ったりしている。バレ山国立公園のサネッティ高原では、2～18頭の群れごとに縄張りをつくって暮らしている。朝と夕方には、母親を含めて縄張りの見まわりが行われ、子どもたちは子育て役に託される

撮影地｜エチオピア（バレ山国立公園）　撮影者｜Will Burrard-Lucas

狩りは単独でも帰ったら仲間にご挨拶

エチオピアオオカミの主な獲物は、エチオピアの高地にすむエチオピアオオタケネズミだ。ドブネズミほどの大きさであるこのネズミは、地中に掘った穴の中にすんでいて、1日のうち約20分しか地上に顔を出さない。そのため、タイミングがよくなければ獲ることはできない。エチオピアオオカミはそのタイミングを見計らってじっくりと待ち、穴から獲物が出てきたときに勢いをつけて鼻先を獲物にぶつけて捕獲するのだ。エチオピアオオカミは聴覚がとても鋭く、獲物が巣穴から出てくるのを音で察知するようだ。

このような狩りは、基本的に単独で行うが、92ページに書いたように、エチオピアオオカミは群れで暮らしている。群れはそれぞれ5～8㎢ほどの縄張りを持つが、その大きさは、群れごとに自身の縄張り内で十分な量のエチオピアオオタケネズミが確保できる程度になっているという。

日中は狩りのためにバラバラになり、暗くなったら帰ってきてまた群れとなる。そして朝と夜は、縄張りに外敵や別の群れのオオカミが入って来ていないか、みなでパトロールをし、もし見つけたらみなで追い出す。そうして、子どもたち（優位なメスのみが一度に2～7頭生む）の安全を確保し、群れで協力して育てるのである。

このように、エチオピアオオカミはとても希少な動物でありながらも、その生態は比較的明らかになっている。その理由として、彼らが限られた領域の、しかも見通しのよい場所に生息しているために観察がしやすいという点が挙げられる。さらに、このオオカミが生息する場所にはもともと人間が住んでいるため、人間にも慣れていて、研究者たちを見ても逃げたりしないのだ。現地の人もオオカミに寛容でお互いに特に気にせず共存するという関係性を築けている。それゆえに研究者たちは現地で群れの動きを追い、個々のオオカミがどのような状態にあるかまで把握し、経過を追うことができるのである。

そうした中で、エチオピアオオカミが置かれた危機的な状況も理解され、保護活動が行われるようになっていった。オオカミに対しても直接、病気の予防ワクチンを打ったりもしている。その場合、まずオオカミを簡単な罠にかけて捉え、専門家チームによって素早くワクチンを打つなどの必要な措置をして放すのだという。その活動の力もあって、現在もこの希少なオオカミは生き延びることができているのだ。

上｜ 足音は厳禁。草むらを静かに、ゆっくりと歩き、聞き耳を立てる。獲物を見つけると、狙いを定め、低い姿勢で近づく。この後、アカギツネのように垂直跳びをして、前の両足で小さな獲物を押さえつけたりする。バレ山国立公園には、大きな獲物がほとんどいないため、群れで狩りをすることはない。エチオピアオオカミは、ひとり孤独に狩りをし、子どもたちや甥姪たちに獲物を持ち帰る

撮影地｜エチオピア（バレ山国立公園）
撮影者｜Ignacio Yufera

下｜ 家畜は狙わない。獲物の95%は野ネズミだ。狙うはエチオピアオオタケネズミ。日本で人気のハダカデバネズミにも似た、その毛があるタイプ。このネズミは、好物の草をとるため巣穴を飛び出しては、すぐに土穴にもどる。そのわずかなタイミングを狙って狩りをする。だから失敗も多く、そう簡単には捕れない。それに、大きな獲物もあまりいない。だから、同じ種族で安定した餌場を確保して、縄張りとして守る。それが、彼らが群れをつくる理由とされている

撮影地｜エチオピア（バレ山国立公園）
撮影者｜Will Burrard-Lucas

11月。群れの縄張りの見まわりをするエチオピアオオカミ。残されたのは600頭ほどとされていたが、今では500頭以下ともいわれる。このバレ山国立公園に約250頭、種小名の語源となったシミエン山地に50頭以下、その他の地域に少数のみ。世界で最も絶滅のおそれが高い種族。もともと家畜を襲うという誤った情報で、手当たり次第に射殺された。生息地が開発された。犬が侵入して狂犬病に感染した。そして、2015年には犬ジステンバーが広がって、さらに減少した。サネッティ高原は、いまだに家畜が放牧され、人とともにやってきた犬たちから感染したのだ

撮影地｜エチオピア（バレ山国立公園）
撮影者｜Will Burrard-Lucas

エチオピアオオカミの分布

DATA

和名	エチオピアオオカミ
英名	Ethiopian Wolf
学名	*Canis simensis*
保全	IUCNレッドリスト— 絶滅危惧(EN)
体重	オス14～19kg、メス11～14kg
頭胴長	オス93～101cm、メス84～96cm
尾長	オス29～40cm、メス27～30cm

キンイロジャッカル

ケニアのナクル湖は大量の藻が発生することから、かつて餌の藻を求めて100万羽を超えるフラミンゴが飛来し、世界一の鳥の絶景とうたわれた。その湖でコフラミンゴを追うキンイロジャッカル。強靱な足の筋肉でしなやかに疾走する。現在では水質変化によって藻が育たなくなり、残念ながらフラミンゴは激減している。しかし、湖や公園内には400種を超える鳥が飛来するので、ジャッカルの獲物には事欠かないはずだ

撮影地｜ケニア（ナクル湖国立公園）
撮影者｜Anup Shah

家族だけの群れと家族みんなの子育て

ジャッカルは、オスとメスのペアが協力関係を保ち続け、家族で一つの群れを形成して安定した生活を送る。特に特徴的なのは、子どものうちの1頭が、11カ月で成熟したあともすぐには自身で繁殖しようとせずに、1年間家族の群れに留まって弟や妹を育てる手助けをすることである。

このような若いジャッカルは「ヘルパー」と呼ばれ、群れの中で大きな役割を果たしている。ヘルパーがいて子どもを見張ってくれることでペアは獲物を探しにいけるし、ヘルパーは授乳中の母親に対しても食物を運んだりしてサポートする。結果、ヘルパーがいると子どもの生き残る確率が高まる。それはヘルパー自身にとっても、自らの遺伝子を生き残りやすく

するという意味があるのだ。
　ジャッカルは縄張り意識が強く、巣穴の周辺には丹念にマーキングをする。また、その際を含め、食べるときも休むときも、オスとメスのペアは一緒に行動をとることが多い。家族は硬い絆で結ばれているように見える。それが繁殖に有利に働くのだろうが、それだけではない心温まるものを感じさせる。

左｜巣穴から出てきたインディアン・ジャッカルの子どもたち。目と耳が赤みがかっているのがジャッカルの特徴だ。巣穴は自然の土穴や岩の割れ目、ベンガルギツネやインドタテガミヤマアラシ、ハイイロオオカミの巣穴などを再利用したり、自分で掘ることもある。コヨーテのように長くなく、2〜3mほどで深さも50㎝から1m程度。1カ所から最大3カ所の出口がある。インドでは平均4頭の子を産むが、すべての子どもが育つわけではない。実際の家族構成は、単独・ペア・3頭以上の群れが、ほぼ3分の1ずつで、4〜5頭の家族が多いという

撮影地｜インド（マディヤ・プラデーシュ州
バンダウガル国立公園）
撮影者｜Nayan Khanolkar

右｜キンイロジャッカルは13種ほどの亜種が提唱されているが、写真はインディアン・ジャッカルとも呼ばれる亜種。肩や耳、足にかけては淡い黄色がかった褐色に、白や黒の毛が混じり、背中や尾は黒っぽい。他の亜種に比べてひとまわり小さく、体長100㎝、体高35〜45㎝。体重も8〜11kgとかなり軽い。バングラデシュの平均でオス10.3kg、メス8.5kgである。写真のランタンボール国立公園は、もともとマハラジャ（藩主）の狩猟地だったが、トラの保護区として国立公園に指定されたもの。インドで最もベンガルトラの保護が進む公園である

撮影地｜インド（ラージャスターン州
ランタンボール国立公園）
撮影者｜Chris Brunskill

颯爽と歩く東欧の
キンイロジャッカル

キンイロジャッカルの分布域は非常に広い。東南アジアからインドを経て中東・トルコ、そして北部アフリカまで広がっている（アフリカに生息するのは、新種としてアフリカンゴールデンウルフが提唱されている）。さらに地中海のギリシャや東欧南部のブルガリア、ルーマニアの南部、飛び地のようにハンガリーの一部にも生息する。写真は水辺を歩きながら獲物を探すルーマニアの亜種で、ユーロピアン・ジャッカルとも呼ばれる。亜種の中では最も大型で、全長120〜125㎝、体重10〜15kg。毛なみが粗く、太ももや額、耳は、赤みがかった栗色をしている

撮影地｜ルーマニア
撮影者｜Martin Steenhaut

インドの狩り

インドのハイイロオオカミに殺されたブラックバックのオスの死肉を食べるキンイロジャッカルの亜種、インディアン・ジャッカル。 キンイロジャッカルも、ハイエナやコヨーテと同じ自然界の掃除屋さんである。死肉は地域によっては貴重な食料源だが、依存度はそれほど高くはない。 インドでの調査によると、食べ物の60%以上がネズミの仲間や鳥類、果実だった。ブラックバックはシカに似たウシ科（アンテロープ）の動物で、撮影地の公園はその保護区になっていて、園内に入ると必ず目にすることができる。 公園は、湿地や川、沼などがあり、植生も豊かで、オオカミのほかにシマハイエナやジャングルキャットなどの食肉獣も共存している

撮影地 | インド（グジャラート州ヴェラヴァダール・ブラックバック国立公園）
撮影者 | Dominic Robinson

アフリカの狩り

湖で無防備なコフラミンゴをねらうキンイロジャッカル。雑食性が高く、獲物はあまりえり好みしない。アフリカでは、前ページのブラックバックの仲間であるガゼルの子どもなどを捕食するが、数頭の群れで成獣を狩ることもある。喉を狙うセグロジャッカルと違って、獲物を殺さずに腹を割いて、内蔵を食べる。長く鋭い犬歯と、大きく先のとがった裂肉歯（れつにくし）という臼歯で、硬い皮や肉を引き裂くことができる。また、すばしっこく、大型の肉食獣にもひるまず、自分の5倍も重いハイエナさえ攻撃する。生息地域によっては、長期間にわたってペアを維持。縄張りのまわりにハンティング・エリアがあり、共同で狩りをして食べ物を分けあう

撮影地 | ケニア（ナクル湖国立公園）　撮影者 | Anup Shah

みんなで楽しく触れ合う

上｜ ンゴロンゴロはタンザニアの北部にある自然保護地域で、野生動物の宝庫ともいわれるセレンゲティ国立公園に隣接している。その豊かな自然の中で4頭のキンイロジャッカルの子どもたちが巣立ちした。セレンゲティのキンイロジャッカルは、繁殖は年1回、乾季が終わる10月に交尾して、食べ物が豊富な12～1月の雨季に子どもを産む。妊娠期間は60～63日で1～9頭を産むが、2～4頭が多く、セレンゲティでは少なくて平均で2頭。母親は生後3週間はつきっきりで子どもと過ごす。授乳中の母親の食べ物はペアのオスや前年生まれた子どもたちが運んできてくれる。授乳は8週以上続くが、1カ月ほどすると吐き出した半固形物も食べられるようになる

撮影地｜タンザニア（ンゴロンゴロ保全地域）
撮影者｜Anup Shah

下｜ アフリカのキンイロジャッカルの離乳は生後2カ月からはじまり4カ月には固形食になる。生後2カ月半にもなると巣穴から出て、写真のように子犬がじゃれ合うように兄弟で遊ぶ。3～4カ月で親と同じ毛色にかわり、この頃には母親から半独立して巣穴から50mほどの範囲で遊び、戸外でも寝ることがある。成長と共に遊びは激しくなり、6カ月ほどすると兄弟内の順位も決まってくる

撮影地｜タンザニア（ンゴロンゴロ保全地域）
撮影者｜Anup Shah

上 | ペンチ国立公園はインド中央にあるベンガルトラの保護区で、南北をペンチ川がつらぬく。沙羅双樹や白いクルの木、竹林など変化に富んだ植生が広がる豊かな森である。インドのキンイロジャッカルの繁殖は2〜3月に行われ、交配期間26〜28日、妊娠期間は63日ほどで、食料の豊富な時期に出産する。平均4頭の子が生まれ、生後8〜11日で眼が開き、10〜13日で耳が立つ。歯は生後11日に生え、5カ月もすると大人の歯になる。生まれたての体毛は、明るい灰色から褐色で、1カ月もすると、黒い斑のある赤みがかった毛に生えかわる。生後4カ月ほどで体重3kg前後になる

撮影地 | インド(マディーヤ・プラデーシュ州ペンチ国立公園)
撮影者 | Mary McDonald

下 | セレンゲティ周辺のキンイロジャッカルは、社会性が高く、ペアも長期間続いて、家族で協力して狩りをしたり、縄張りを守り、食べ物を群れで分けあう。写真の子どもたちのように、お互いに毛づくろいし合って連帯を強めるのは、大人のキンイロジャッカルでも普通に見られる行動である

撮影地 | タンザニア(ンゴロンゴロ保全地域)　撮影者 | Anup Shah

キンイロジャッカルの毛色は地域や季節によって異なり、その名の通り砂っぽい金色から薄い黄色、明るい茶色まで幅がある。雨季に褐色がかった黄色になり、乾季に淡い金色になるような、季節で変化するタイプもいる。すらっとした体型で、顔つきもシャープな印象を与え、大きな耳が鋭く立ち上がる。鳴き声はキャンキャン鳴いたり、吠え声などもあるが、遠吠えでお互いの位置を確認することもある

撮影地｜ルーマニア
撮影者｜Martin Steenhaut, Buiten-bleed

アジアから中東、東欧まで広がる

イヌ科イヌ属の動物で名に「ジャッカル」と付くのは4種いるが、その中で最も広域に分布しているのがキンイロジャッカルである。

その範囲は、中東のアラビア半島、東欧のオーストリアやブルガリア、さらに南アジアのインド、スリランカ、東南アジアのタイ、ミャンマーにまで及ぶ。かつてはアフリカ北西部のセネガルやモロッコにも生息することが確認されていたものの、2015年に、遺伝子の解析によってそれはキンイロジャッカルとは別種（＝アフリカンゴールデンウルフ、84ページ）であることが判明した。そのため、アフリカには生息しない。

残りの3種、すなわち、セグロジャッカル、アビシニアジャッカル（またはエチオピアオオカミ）、ヨコスジジャッカルの生息地がアフリカだけに限られているのに対して、キンイロジャッカルがアフリカ以外のこれだけ広い地域にすめるのは、環境への適応力の高さゆえといえる。開けた草原にも森林にも砂漠にも適応でき、低地から標高1000mあたりまで生息できるのだ。人間がいる環境にも馴染むことができ、夜だけとはいえ、都市や村にも姿を見せることがある。

ジャッカルは、オオカミに比べて小柄であるのが特徴の1つだ。その通り、キンイロジャッカルは、ハイイロオオカミの中で最も小さい亜種であるアラビアオオカミよりも小さい。その一方、キンイロジャッカルは、同じジャッカルの仲間であるセグロジャッカルとヨコスジジャッカルよりも遺伝的にはハイイロオオカミやコヨーテに近い種であるとされる。「ジャッカル」「オオカミ」という名によって簡単には線引きできないことがわかる。

キンイロジャッカルは、インドを起源として2万年前頃から世界各地に生息地を拡大していったと見られている。ジャッカルは、インドの民間伝承にも登場し、ヒンドゥー教の神の使いとしても描かれる一方で、ヨーロッパにおけるキツネのような、ずる賢い動物とされることが多いようだ。たとえば、ジャッカルが、友だちであるオオカミやトラやネズミたちを仲たがいさせることで獲物を独り占めするという話がある。また、早朝、旅に出るときにジャッカルが吠える声を聞くと幸運が訪れなくなる、といった言い伝えもあるという。

こうした印象は、ヤギやヒツジを始めとする家畜を襲ったり、ブドウやサトウキビといった植物類を荒らすという性質ゆえと考えられるが、同時に、昔から人間と深くかかわってきた動物であることもよくわかる。

キンイロジャッカルの分布※

※ アフリカに生息するキンイロジャッカルは、アフリカンゴールデンウルフという新種が提唱されているが、国際自然保護連合（IUCN）の分布図ではキンイロジャッカルのままである

DATA

和名	キンイロジャッカル
英名	Golden Jackal
学名	*Canis aureus*
保全	IUCNレッドリスト―軽度懸念（LC）
体重	7～15kg
頭胴長	60～106㎝
肩高	38～50㎝
尾長	20～30㎝

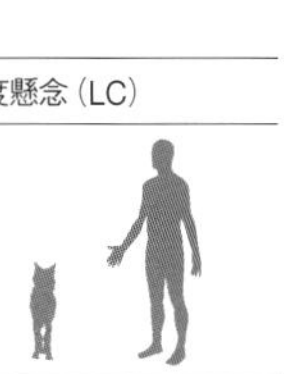

ドール

旧ソ連の深い森から標高5,000mを超えるチベットの高原、インドやタイの密林、中央アジアのステップ(乾燥した草原)まで、さまざまな環境に適応して生息してきた。しかし、インドの保護地域ではよく見られるものの、それ以外の地域では稀な存在となり、絶滅した地域もある。かつての分布域のわずか40%でしか見られなくなった。森林破壊や狩猟、伝染病の影響もあるが、旧ソ連が害獣駆除のために行った毒餌の散布が激減の一因とも。国際自然保護連合(IUCN)は4500〜10500頭としているが、野生の生息数はすでに2500頭以下になったともいわれている

撮影者｜Jeffrey Jackson

上｜大きさはインドオオカミほど。オオカミに比べると、肩高は低く、尾も短い。太くて短い、ずんぐりした鼻づらが特徴で、耳はやや短くて、耳先が丸くなっている。旧ソ連など北方の亜種は、南方の亜種より2割ほど大きい。毛色も生息地によって差があり、写真のような北方では、豊かで長く柔らかい冬毛をもつ。体毛は鮮やかな赤褐色。夏毛は粗く短くて、ややくすんだ色合いとなる。腹側など下面や足の内側は白っぽい

撮影者｜John Daniels

下｜インドの木陰でのんびり伸びをしている。くるっと曲がった尾を見てほしい。先端ほど黒くなるのがドールの特徴のひとつ。声にも特徴があって、口笛のようなヒューッという声をはじめ、驚くほど多彩な鳴き声を発する。ときにはネコのようにニャーと鳴いたり、甲高い声や鼻声をだすが、飼い犬のように吠えることはない。口笛のような鳴き声は、群れを集めるときなどによく用いるという

撮影地｜インド（マディヤ・プラデーシュ州バンダウガル国立公園）
撮影者｜Tony Heald

その姿から
アカオオカミとも呼ばれる

タドバ国立公園と隣接するアンデリ野生動物保護区はトラの保護区に指定されているため、ドールたちにとっても安息の地となっている。灼熱の大地を闊歩する見事な赤毛。アカオオカミの異名もうなずける、たくましい毛並みだ。彼らの生活様式はリカオンとよく似ており、集団で生活し、協同で狩りをして、群れの大人みんなで子どもたちを養育する。群れは、ふつう5～12頭で縄張りをもつ。20頭を超えることはめったになく、まれに40頭ほどになるが、通常は1家族がもとになっている。狩りには子どもたちの見張り役を除く、大人全員が参加。群れのメンバーは、積極的かつ緊密に協力し、力を合わせて狩りの成功をめざす

撮影地｜インド（マハーラーシュトラ州
トラ保護区）
撮影者｜Jagdeep Rajput

チームワークの良さでトラも追い払う

チベットの高地やインドの密林、中央アジアのステップなど、アジアの様々な環境の場所に生息するドールは、狩りの凄惨さで知られ、「残忍な殺し屋」という別名を持つ。

狩りの対象となる動物は、ノウサギなどの小型哺乳類からシカなどの大型哺乳類まで幅広い。ドールは獲物を群れの仲間とともにチームで狙う。藪の中だろうが水の中だろうが、どこまでも執拗に追いかけて可能な部位に咬みついてまず自由を奪う。

小さい獲物の場合は、咬みついた状態でドールが激しく頭を振って絶命させる。そしてすぐに食べ出し、1頭だけで狩りを完結させることもあるが、シカなど大きな獲物の場合は、角などを使って反撃されることがないように、まず鼻や顔に咬みついて押さえつけ、その後集団で一気に相手の腹などを襲い、獲物がまだ生きているうちから内臓を引き出して死亡させる。そして1分もかからないうちに、相手の身体を引き裂いてバラバラにし、数分で食べつくしてしまうのだ（次ページから登場するリカオンと同様の方法である）。特に心臓、肝臓、脇腹の肉、眼球、胎児は好物なのか、まず先に食べる。互いに食べるスピードを競うかのような速さで貪り、食べつくす。1頭で1時間に4kgもの肉を食べられるという。獲物を得るためなら、他の大型肉食動物にも負けていない。トラやヒョウと獲物を巡って衝突し、集団の力で追い払うこともあるのだ。

一方、攻撃的で獰猛な性格ではあるものの、狩りでのチームワークに見られるように協力的で社会性は強く、子育てにもその力は活かされる。

群れは5頭から数十頭程度の規模で、メスが子どもを出産すると、他の成獣たちも、食べ物を吐き出して子どもに与えるなど協力する。出産から2、3カ月間狩りに出られない母親に対しても、同様にして食べ物を与えるという。また、育児を直接的に手伝わずとも見張り役として外敵が来ないかを監視しているものもいるという。

ドールは、他の大半のイヌ科動物に比べて大臼歯が左右とも1本ずつ少なく、ずんぐりした鼻面も特徴的だ。これは彼らの肉食志向に対する適応であると考えられている。

恐ろしいハンターであることは間違いないが、彼らがシカを殺すことはその土地の生態系のバランスを保つ上で必要でもある。シカを減らし、時に追い出すことで、ドールはその土地の植生が完全に失われるのを防いでもいるからだ。

主食は中型の有蹄類で、インドでは特にアクシスジカをよく獲物にする。野生のベリーなどの果実や植物から昆虫、トカゲ、ネズミの仲間、ノウサギまで食べる。写真のような自分たちよりも10倍近くも重くて凶暴なイノシシを襲うだけでなく、ガウルやスイギュウといった1トンを超える大型草食獣に、クマさえ捕食する。獲物をめぐってトラやヒョウと衝突しても、群れで協力して追い払って相手の獲物を奪ってしまうこともある。逆に獲物をめぐって仲間と争うことはない。泳ぎも得意で、しばしばシカを水中に追い込んで捕らえる

撮影地｜インド（マディーヤ・プラデーシュ州ペンチ国立公園）
撮影者｜Nick Garbutt

ほぼ大人の毛色になったドールの子どもたち。生まれたては黒みの強い褐色だ。母親は出産に先立ち巣をつくる。自分でも掘るが、岩の割れ目や洞窟、くぼ地を使ったり、ヤマアラシなどの巣穴を再利用することもある。インドでの交尾期は9〜11月、妊娠期間60〜63日、出産は1〜2月頃で平均4、5頭の子を産む。最大で9、10頭ほど。生後70〜80日で巣穴から出てくる。離乳も生後2カ月ほどで、肉を口にするようになるのもこの頃。大人たちは、母子に吐き戻して肉を与える。生後7、8カ月で狩りに加わり、1年で性成熟する。群れは少なくとも生後6カ月まで子どもの世話を続け、吐き戻しの肉を与えるだけでなく、警護したり、獲物をまっ先に食べさせる

撮影者 | ZSSD

ドールの分布

DATA

和名	ドール
英名	Dhole ／ Asiatic Wild Dog ／ Indian Wild Dog ／ Red Dog ／ Red Wolf
学名	*Cuon alpinus*
保全	IUCNレッドリスト— 絶滅危惧（EN）
体重	オス15〜20kg、メス10〜17kg
頭胴長	80〜113㎝
肩高	42〜55㎝
尾長	40〜50㎝

リカオン

左｜ 口元を押してご挨拶

群れの生活で一番重要なことは、仲間どうしで争わないこと。そのためには日々のコミュニケーションやボディランゲージが必須といえる。写真のように相手の口元を鼻などで押す行動は、イヌ科の動物ではよく見られる。特に子どもなどが大人に食べ物の吐き出しを求める場合が多い。リカオンの社会ではこれが大人どうしでも見られ、食べ物をねだるというより、儀礼としての挨拶である。群れのあちこちで大人が互いに鼻を突き合わせたり、舐めたりとスキンシップによる摩擦緩和にはげむ。逆に、子どもどうしのような行動をとることで、大人どうしの攻撃衝動をなくしているともいえる。高度な社会性と発達したコミュニケーション能力を証明するような行動だ

撮影地｜南アフリカ（クワズール・ナタール州ムクゼ）
撮影者｜Bence Mate

右｜ 野生にあった理想世界

2頭の子どもがじゃれ合っている。大きな丸い耳が特徴のリカオンは、オオカミと同じように群れで暮らし、仲間どうしの絆が非常に強い。特に子どもたちは群れ全体で大切に育てる。群れの大人たちは、食べた獲物を子どもたちに吐き出して与える。狩りの獲物を現場で最初に食べるのは、リーダーでも、他の大人たちでもなく、狩りに同行できるようになった子どもたちだ。子どもたちは、自活できるようになる生後約14カ月まで、大人たちから世話を受けつづける。狩りの間に幼い子どもの世話をする子守の大人や、ケガや病気で狩りに出られない仲間たちにも群れから食べ物が振る舞われる。くつろぎタイムには、大人と子どもが楽しそうに遊ぶ姿が見られ、ある意味では人間社会をも超えた理想世界がそこにあるのかもしれない

撮影地｜南アフリカ（クワズール・ナタール州ムクゼ）
撮影者｜Bence Mate

平等な助け合い
社会でみんな仲良し

アフリカに生息するリカオンは、数頭から十数頭の集団で連携しながら狩りをする。そのチームワークの巧みさについては１２２ページで詳しく述べるが、彼らが協力し合って重要な目的を達成することができるのは、普段の生活からコミュニケーションを豊富にとっているためと考えられる。

リカオンは、日常において互いに鼻を突き合わせて挨拶をする。また、舐めあったり、鳴いたり、といったボディランゲージも、重要なコミュニケーションの手段として普段から行っている。寝るときも仲睦まじく、みなでくっつきあって寝る。

そして何と言ってもすごいのは、彼らが持つ民主的なシステムである。狩りに行く際、その賛否の意思表示にくしゃみ

を用いるというのだ。くしゃみは賛成の意思表示と見られていて、その回数が多ければ、狩りに出る可能性が高いとされる。また、狩りを終えて戻った個体は、肉を吐き出し、狩りに行かなかったメスや子どもに渡すという。

リカオンの狩りは、残虐と思えるほど激しいが、その必死さの裏には、自分の家族や集団との強い絆があるのだろう。

左｜リカオンは大きな丸い耳とともに、白い尾も特徴で、全ての個体で尾の先端は白。中ほどが黒く、尾の根元は地色の橙黄色から薄茶色。体型としてはハイエナよりもドールにやや近い。相当に強い独特の体臭があり、生後1日目から出るという。メスはオスよりわずかに小さく、メスの体長85〜139㎝、尾長31〜37㎝、体重18〜27kg、オスの体長93〜141㎝、尾長32〜42㎝、体重21〜35kgほどである

撮影地｜南アフリカ(クワズール・ナタール州タンダサファリ)
撮影者｜Marleen Bos

右｜大きな丸い耳は長さが12㎝以上もあり、仲間どうしのコミュニケーションや体温調節に使われる。鼻から目にかけての顔は黒く、鼻づらがやや短く頑丈なのでハイエナを連想させるが、よく見ると体型はずっとスマートで、姿勢や顔立ちも凜々しい。獲物を長距離追跡するため、足も長い。体色は、黄橙色から薄茶色の地色に、白と黒のまだら状の模様が混じる。そのやや派手な装いは、「彩色したイヌ」という意味の学名の由来にもなっている。個体による模様の変化が大きく、まれに黒一色、橙色一色に見えるものもいるという。生まれたばかりの赤ちゃんの体毛は、黒と白のぶちである

撮影地｜ボツワナ(リンヤンティ保護区)
撮影者｜Shem Compion

上｜ 追うリカオン

ヒョウが必死に逃げている。素晴らしいスピードで追う1頭のリカオン。さすがにリカオン1頭では、ヒョウに立ち向かえないので、後ろには群れがつづいている。リカオンは、ネコ科の動物などとちがって、特定の縄張りをもたない。いつも移動しながら獲物を求めて暮らしている。広大な生息地域が必要で、それゆえ他の肉食獣とも衝突してしまうのである

撮影地｜ジンバブエ(ワンゲ国立公園)
撮影者｜Eric Baccega

下｜ 逃げるヒョウ

追い詰められたヒョウは、死にものぐるいで木の幹にしがみついて、逃れようとするが、下からはじっとリカオンが見つめている。その後、群れの後続も到着したが、ヒョウはなんとか木の上の方へとはい登っていった

撮影地｜ジンバブエ(ワンゲ国立公園)
撮影者｜Eric Baccega

上 | 弱気なリカオン

リカオンの群れがイタチの仲間、ラーテルを襲っている。アフリカの肉食獣の中で狩りの成功率が80%と最も高く、ライオンまで殺してしまうことがあるリカオンにしては、強烈な一発の臭いを警戒してか、腰が引けている。逆にラーテルは全く怖がっていない。ラーテルは「世界で一番怖い物知らずの動物」ともいわれ、ライオンでもそうそう敵わない。背中側にだぶつく特殊な皮膚があって、首に噛みつく捕食者を逆に攻撃することができるからだ

撮影地 | ボツワナ(北部)
撮影者 | Suzi Eszterhas

下 | 強気なリカオン

1頭のリカオンがイボイノシシの鼻づらに噛みつき、群れの仲間が腹に噛みつこうと殺到している。リカオンは完全な肉食動物で、新鮮な肉を好む。コヨーテやジャッカルのように腐った肉は決して食べない。獲物を生きたまま食べてしまうので、残虐な動物だと思われがちだが、それがリカオンの食性なのである

撮影地 | ボツワナ(北部)
撮影者 | Suzi Eszterhas

時速50kmで5km走る長距離スプリンター

　リカオンの狩りは驚異的だ。まずは獲物を群れから引き離して単独にし、十数頭の集団で縦に並んで全速力で追いかける。1頭目は獲物をひたすら直線的に追い、獲物が方向転換などすれば、後ろにつける2頭目が対角線に当たる最短距離を直進して先回りする。そうして1頭が足や尾に噛み付き、獲物が速度を落としたら、あとはみなで一気に襲いかかり、まだ獲物が生きている間に、腹を食い破って内臓を引っ張り出して食べてしまう。圧巻であり、ゾッともする。

　こうした狩りが可能になるのは、リカオンの高いコミュニケーション能力に加えて、身体能力の高さゆえである。リカオンは

なんと、5㎞程度であれば、時速約50㎞を維持して走ることができるという。さらに、短く頑丈な鼻づらと鋭い裂肉歯が、走った労力を無駄にせず、確実に相手の息の根を止める。

また、リカオンは群れごとに、自分たちの狩りの手法を下の世代に継承する習性もあると考えられている。というのも、リカオンの群れの多くが大きなシマウマを狩ることができない中で、代々シマウマ狩りに成功している群れが発見されているからだ。後天的に獲得した技術が群れの中で受け継がれるのは、人間以外の動物ではほとんど見られず、リカオンの知能の高さを示している。

右｜黒のまだら模様の強い個体が川を快足で渡っている。リカオンはサバンナ環境を好み、草原や半砂漠地などにすむが、ジャングルにはすまない。かつては山岳地帯でもよく見られ、キリマンジャロ山の標高5,000m地帯で発見されたという記録が残っている

撮影地｜南アフリカ（マラ・マラ・ゲーム保護区）
撮影者｜Christophe Courteau

左｜まだ若い個体が川を遊びながら走っている。子どもとはいえ、リカオンらしいダイナミックな動きだ。ふつうはややゆっくりした時速10㎞前後の小走りで獲物を探すが、獲物を見つけると、最高時速66㎞の速さで追跡する。行動圏は400〜600平方㎞と広い

撮影地｜ボツワナ（リンヤンティ保護区クワンド・ラグーン）
撮影者｜Shem Compion

ライオンすら倒すリカオンVS地上最大の動物

リカオンは小柄ながら、ゾウやライオンも果敢に狙う。

十数頭のリカオンの群れが子ゾウを狙う様子を撮影した動画では、母親と子どもともう1頭のゾウの、3頭の群れから子ゾウだけを連れ去ろうと、じわじわと距離を寄せる様子が映っていた。母親ゾウは、その気配に気づくと鼻を振りながらトランペットのような大声を出して追い払いにかかる。すると、体格があまりに違うリカオンはなすすべがなく引き下がるが、ゾウたちがまた前進を始めると、忍び足でまた近付く。そしてやはりまた追い払われる。それを繰り返すのだ。

結局その動画では、ゾウが他の数頭の群れと合流したことでリカオンはあきらめるしかなくなったが、リカオンの狩りへの執念が伝わってきた。ゾウのみならず、ウシの仲間のヌーを襲うこともあるが、そうした大型動物の狩りの成功率は80％にも及ぶという。また、狩りを終えたチーターに近づいて追い払い、チーターから獲物を奪うこともある。

リカオンが狩りの際に見せる勇猛さは、じつは群れの中での生活においても散見される。特にそれが顕著になるのは、子育てを巡る争いだ。

リカオンのオスは生まれた群れにとどまるが、メスは他の群れから移ってくる。そうしてオス、メスともに複数の個体からなる群れが出来上がるが、その中で繁殖できるメスは普通、群れの中で最も優位に立つ1頭だけだという。

それでも2番目の位置にいるメスが出産することがあり、その場合は、両方のメスが子どものリカオンを巡って激しく争うことになる。1頭のメスが子どもの頭を加え、もう1頭のメスが下半身を加えて引っ張り合い、その結果、子どもが死ぬことも多いという。

そうして子どもがよく死んでしまうからというわけではないが、リカオンは、強いハンターで怖いものなしのようであるのにも関わらず、ＩＵＣＮのレッドリストで「絶滅危惧（ＥＮ）」に指定されている。原因の1つは生息地の減少だ。リカオンは獲物を求めて広大な範囲を移動しながら生活するが、人口の増加によって自然環境の破壊が進み、生活圏が限定されたことで生存が難しくなった。また、家畜を襲うため人間に駆除されてきたことや、人間の飼い犬から狂犬病や犬ジステンパーといった伝染病をもらい、群れごと壊滅するケースが多いことも、個体数の減少に拍車をかけている。

現在、生息総数は7，０００頭を下回ると推測されている。

右｜ ゾウなんかこわくない

巨大なアフリカゾウを前に、こわがる風でもなく対峙(たいじ)するリカオンの群れ。群れでいる限り、人以外に敵はいないともいわれる。群れの絆が強いからこそ、自分たちよりずっと大きな獲物を襲って捕食することができる。ふつうは50kgほどのレイヨウを捕食するが、ときには200kgに達するアフリカスイギュウなども襲う

撮影地｜ジンバブエ(マナ・プールズ)　撮影者｜Tony Heald

左｜ ひと腹10頭の子だくさん
天敵は、人間だけ！

狩りからもどって、あたりを警戒しながら子どもたちに授乳する母親。出産は通年で見られ、ピークは獲物の多い雨季の後半である。妊娠期間60～80日で出産数はふつう7～10頭(最高記録21頭)。生まれたての赤ちゃんは400gほどで、3週間ほどで眼が開く。離乳は10～12週くらい。子どもは生後半年で狩りに加わり、14カ月で大人並みの力を発揮しだす

撮影地｜ボツワナ　撮影者｜Jami Tarris

リカオンの分布

DATA

和名	リカオン
英名	African Wild Dog
学名	*Lycaon pictus*
保全	IUCNレッドリスト— 絶滅危惧(EN)
体重	17～36kg
頭胴長	76～112㎝
肩高	61～78㎝
尾長	30～41㎝

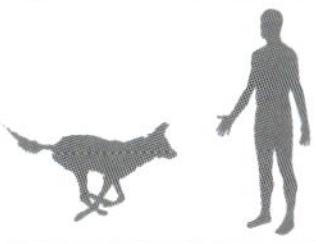

セグロジャッカル

生息分布は、アフリカの東部と南部に分離しており、写真は夕闇迫る南部、ボツワナの大地を歩くセグロジャッカルのメス。 オスとメスの姿形にほとんど差はなく、細い体に長い足、大きな三角形の耳をもっている。 ただし、南部のメスはオスより小さく、体重は1kgほど軽い。 名前のとおり背中は黒い毛でおおわれている。 肩から腰にかけて、馬の鞍型に広がる黒毛には、銀色のような白毛が多数混じる。 頭から胴、足の赤褐色から黄褐色の体毛の境界は明瞭だ。 喉、胸、腹部は明るく、砂色から白色。 ふさふさした尾の先は黒い

撮影地 | ボツワナ
撮影者 | Klein & Hubert

上｜ お花畑のジャッカル

鮮やかな黄色いハマビシの群生を横切るセグロジャッカル。下を向いて獲物の匂いをたどっているようだ。生息地は、都市の郊外から砂漠まで幅広いが、基本的には藪の多い森を好むという。生息域が重なるキンイロジャッカルが草原で見られるのに対し、セグロジャッカルは密生した森、ヨコスジジャッカルは開けた森と、うまくすみ分けている。活動の時間帯も環境によって変えることができ、人間がいる地域では夜行性、国立公園のような保護区では昼行性となる。特に農業地域にいるジャッカルは、人間からの迫害を受けがちである

撮影地｜ナミビア（エトーシャ国立公園） 撮影者｜Tony Heald

下｜ 海辺のジャッカル

海岸線をおおい尽くすかのようにミナミアフリカオットセイが寝そべっている。ケープ・クロスはこの世界最大のオットセイのコロニーとして有名だ。岬一帯は国立公園として保護され、10万から20万頭のオットセイたちの楽園である。群れのかたわらで茫洋とした表情のセグロジャッカルがたたずむ。もちろんオットセイを狙っている。セグロジャッカルは環境への適応性が高く、生息地に合わせて食性も変えることができる。雑食性で何でも食べるものの、糞の分析によると、ボツワナで昆虫が5割以上、南アフリカで哺乳類が3分の2以上だったりする。ここではオットセイの死体や子どもをはじめ、海鳥とその卵、魚類、貝などの海洋生物を主食としている

撮影地｜ナミビア（ケープ・クロス自然保護区） 撮影者｜Chris Stenger

でも、本当は森が好き？

アフリカの古代文明が栄えたマプングブエは世界遺産に登録されているだけでなく、国立公園として野生動物が保護されている。夏の開けた草原では、セグロジャッカルの美しい表情が見られる。そろそろ巣穴で子育てが始まる季節だ。巣穴は自分でも掘るが、シロアリのアリ塚やツチブタが捨てた穴を再利用したり、岩の隙間を使ったりする。一夫一婦制のつがいの結びつきは非常に強く、長期間にわたって協同で狩りをして、食物を公平に分配し、夫婦や家族で子育てする

撮影地｜南アフリカ（マプングブエ国立公園）
撮影者｜Neil Aldridge

最も社会性の発達した賢いジャッカル

　ジャッカルと言うと世界各地に広く分布するキンイロジャッカルが代表的ではあるものの、社会性や賢さは、アフリカ大陸の南部や東部に生息するこのセグロジャッカルが上回ると言われている。

　100ページで紹介した「ヘルパー」(成熟したあとも家族の群れに留まって弟や妹を育てる手助けをする個体)が介在する子育ても、最も効果的に行っているのはセグロジャッカルである。セグロジャッカルの場合、ヘルパーがいないペアは平均1頭の子どもしか育てられないものの、ヘルパーが1頭加わると3頭の子を育てられることもある。ヘルパーが1頭増えるごとに家族の繁殖成功度は1.7頭増えるという研究結果があり、これはキンイロジャッカルなどに比べて高い。

　セグロジャッカルの社会性の発達ぶりは、さまざまな場面で観察されている。協力して狩りを行うことや食料を共有すること、さらにはペアが長い間関係を維持し、縄張りも1カ所を長期間保持すること。そしてペアは互いに毛づくろいもし合う。また、ペアは友好的な関係を一貫して保つものの、ペアでないものに対しては好戦的な態度を取り、明確に区別するともいう。

　ちなみに、南アフリカ・ナタール州のドラケンスバーグで観察されたセグロジャッカルの社会は、4タイプのメンバーで構成されていた。すなわち、縄張りを維持するペア、その子ども、性成熟していないヘルパー、そして縄張りとは無関係に放浪する個体である。構成メンバーの割合は、概ね、25%がペア、25%が生まれて1年未満の子ども、残りの50%が繁殖しない成獣であったという。

　また社会性の高さは、コミュニケーションに使われる声の種類の多さからも伺える。唸る声、哀れっぽく鳴く声、騒々しくわめく声、吠える声、悲鳴を上げるような声、遠吠え、それぞれに異なっている。たとえば、互いに連絡を取り合うときは「キャン、キャン」という悲鳴のような声が使われる。場面や状況によって使いわけているようである。

　セグロジャッカルは雑食性で、ありとあらゆるものを食べる。自分で狩りをして獲物を得る一方で、ライオンやヒョウなどの大型肉食動物が食べ残した獲物の死肉も食べる。

　また南アフリカでは家畜も襲うために人間には嫌われている。そのせいなのか、基本は薄明性でありながら、人間のいる地域では夜行性である。また、場合によっては昼行性にもなるという柔軟さは、野生状態にあるジャッカルの特徴でもあるようだ。

兄姉ヘルパーがいて安心の子育て

生後6週間の子どもが母親に食べ物をおねだりしている。ちょうどこの頃から生後8週までに離乳するので、そろそろ吐き戻しの肉を欲しがる頃。子どもが大人に鼻づらを突き合わせるのは、肉のおねだりか、母親の匂いを嗅いで親子を確認する行為だ。セグロジャッカルの典型的な家族構成は、両親と子ども、それに子育てを手伝う前年に生まれた兄姉たち。ヘルパーと呼ばれ、子育て修行などを積んでから独立していく。母親の妊娠期間は60日、8〜9月に約4頭ほど、最大で9頭の子を産む。生後6カ月ほどで狩りができるようになり、11カ月すると性成熟する

撮影地｜ケニア(マサイマラ国立保護区)　撮影者｜Suzi Eszterhas

高いコミュニケーション能力

気持ちよさそうに伸びをすると、背中の黒と体側の褐色がくっきりと分かれて見える。セグロジャッカルは、コミュニケーション用にさまざまな鳴き声をもっている。互いに連絡を取り合うときに使う「キャン、キャン」もそのひとつ。うなったり、犬のように「ワン、ワン」と吠えたり、オオカミやコヨーテのように遠吠えもする。多様なシーンに合わせて使い分けている。こうしたコミュニケーション能力は、ジャッカルの仲間では最も発達しているともいわれる

撮影地 | ケニア(ソリオ・ランチ)
撮影者 | Tui De Roy

セグロジャッカルの分布

DATA

和名	セグロジャッカル
英名	Black-Backed Jackal ／ Silver-Backed Jackal
学名	*Canis mesomelas*
保全	IUCNレッドリスト― 軽度懸念(LC)
体重	6～13.5kg
頭胴長	68～74.5㎝
肩高	38～48㎝
尾長	26～40㎝

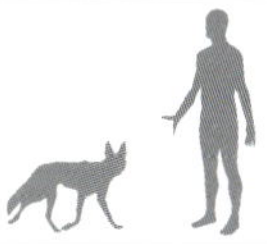

ヨコスジジャッカル

家族だけに通じる鳴き声を使う

「ジャッカル」と名のつく4種のイヌ科動物のうち、最後の紹介となるのがこのヨコスジジャッカルだ(アビシニアジャッカルは、「エチオピアオオカミ」として紹介)。その名の通り、脇腹に、水平方向に延びる白と黒の筋が入り、他のジャッカルに比べて耳が短く、鼻づらはずんぐりしていてオオカミに似ている。

アフリカ大陸の中南部に分布し、主な分布域の1つである東アフリカでは、キンイロジャッカルとセグロジャッカルと生息領域が重なっている。ただし、3種が生活する環境は異なっている。

ヨコスジジャッカルは他の2つのジャッカルに比べて、より湿潤で植物も密生するところを好むことが知られているが、観察される頻度は少なく、生態については他の2種ほど知られていない。他の2種が、より開けた草原などにいるのに対して、ヨコスジジャッカルの生息域は木々が多く観測が難しいというのもその理由の1つのようだ。

また、ヨコスジジャッカルは、他のジャッカルに比べて肉食の傾向が弱く、より雑食である。環境や季節に応じて食べるものが変わり、死肉、昆虫、果実や植物、鳥、ネズミの仲間、爬虫類を食べ、飼育下ではバナナや米も食べる。家畜も食べるが、死んでいるものだけで、生きた家畜を殺すことはしないという。

ちなみに狩りは、単独でも、ペアでも、子どもを連れた家族群でも行う。他のジャッカル同様に子育てをみなで行い、その状況に応じて狩りのスタイルも変化させるのだろうか。ヨコスジジャッカルは、家族ごとに、その家族でしか認識できない特定の鳴き声をもっているともいわれるが、その特性から、家族の絆が強いだろうこともうかがえる。

ヨコスジジャッカルはセグロジャッカルと近縁の関係にあり、その遺伝子が示すところによれば、少なくとも200万年前に両者は分岐した。その後一方は背が黒くなり、一方は横に筋が入った。この柄の違いの意味はまだわかっていない。

左 | 水辺や湿地が好き

ボツワナのカラハリ砂漠にある世界最大の内陸デルタ(三角州)。オカバンゴ湿地帯の東側にあるモレミは、アフリカ有数の美しい野生動物保護区といわれる。水辺や湿地を好むヨコスジジャッカルの母子が、大沼沢地のそばの茂みでくつろいでいる。ボツワナはアフリカ南部なので、この地のヨコスジジャッカルの繁殖期は6～7月。妊娠期間は8～10週でふつう3～4頭、最大で7頭の子を産む。しかし、ヘルパーのいないジャッカルは、平均1頭の子しか育てられない。果たして、この母親の子はいったい何頭生き残っているのだろうか

撮影地 | ボツワナ(オカバンゴ・デルタ、モレミ野生動物保護区)
撮影者 | Richard Du Toit

右 | 体の横を走る白い線と黒い線

現地マサイ語で「果てしなく広がる平原」を意味するセレンゲティ。そのタンザニア北西部の草原から隆起する小さな丘カピに、凜々しく立つ。ヨコスジジャッカルは、つがいや群れでいるよりも、単独でいることのほうが多いようだ。全体に小づくりで、耳は小さく丸く、足も短い。頭はすっきり細いが、鼻づらは割に幅広い。ジャッカル特有の褐色系だが、全体に灰色っぽい。一番の特徴は、名前の由来にもなっている体側部を走る白い線。その下にも黒い線が走っていて、より際立つ。他のジャッカルほど頻繁に鳴かないが、それぞれの家族内でしか認識できない特別な鳴き声を発する

撮影地 | タンザニア(セレンゲティ国立公園)　撮影者 | Mary McDonald

ヨコスジジャッカルの分布

DATA

和名	ヨコスジジャッカル
英名	Side-Striped Jackal
学名	*Canis adustus*
保全	IUCNレッドリスト― 軽度懸念(LC)
体重	6.5～14kg
頭胴長	65～81㎝
肩高	41～50㎝
尾長	30～41㎝

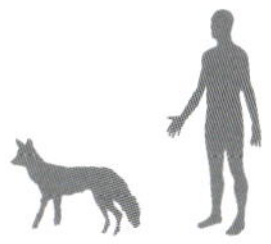

Part 4 — South American Clade

南米の野生イヌ

太古の自然に育まれて
独自に進化したイヌたち

むかし、この大陸は海で隔絶され
そこには太古からの生き物が棲んでいた
3億年の孤独をみつめ
特異な進化が起きた
異形の生物群が生まれた
野生イヌの先祖たちは
オオカミにも、キツネにもならなかった

ブラジル中央部に広がるサバンナ気候のオープン・セラード（灌木・草原地帯）。開けた熱帯草原にイネ科の丈高い草が生い茂り、幹の曲がった灌木がまばらに見える。夜行性のタテガミオオカミが、よく聞こえる大きな耳をぴんと立て、縄張りの見回りをはじめた。一夫一婦制だが、単独で行動する。つがいで一緒に活動することは少なく、見回りもひとりだ。足が長く、背が高いので、遠くまで見渡せる。暮れなずむ夕日を浴び、背の高い草むらを大股で、そして用心深く進む。黒い足先が闇に溶け込もうとしている。毎晩、同じ見回りルートの草地を幅広い足裏で踏み固めるため、道のようになってしまう。その道やシロアリの巣に強烈な臭いの尿や糞でマーキングして縄張りの境界線を主張する

撮影地｜ブラジル（ミナスジェライス州セエハ・ダ・カナストラ国立公園）
撮影者｜Tui De Roy

オオカミ

タテガミ

世界で最も美しい足をもつ野生イヌ

あたりを警戒しながら、心配げな表情で歩く南米最大の野生イヌ。黒いストッキングを履いたような足が素晴らしく長い。だから、肩の位置も高い。オオカミという名前だが、色形ともアカギツネのほうに似ているともいわれる。しかし、進化系統はどちらのグループでもない。1属1種、世界で唯一無二の存在だ。長く美しい赤茶色の毛なみに特徴があって、オオカミ(20ページ)よりも、アカギツネ(184ページ)よりも、どのイヌ科の動物よりも手触りが柔らか。ただし、熱帯地方にすんでいるので下毛はない。尾はやや短く、尾先の白い姿をよく見かけるが、白い尾先の個体は44%にすぎず、白部分の長さにも個体差がある。135ページの写真のように正面から見ても、オオカミ(4ページ)やアカギツネ(186ページ)に比べてほっそりとスマートだ。足には3つの特徴があって、長い、足先が黒い、そして足裏が広い。足先と同じように肉球も黒いが、まん中の2本の指の肉球は根元で合体していて、足裏を横に広げることができる。接触する足裏面積を大きくすることで丈高い草むらの湿った地面でも、安定して歩いたり、走ったりすることができる

撮影地 | ブラジル(ピアウイ州)　撮影者 | Sean Crane

オオカミでも、キツネでもなく

下から少し見上げるように顔をアップにすると、オオカミに似ていなくもない。しかし、三角の大きな耳は、オオカミやアカギツネよりもずっと大きい。ぴんと立つと17㎝にもなる。長い耳と突きだした黒い鼻、それに喉の白い三日月模様が顔の特徴だ。この大きな耳はコミュニケーションにも使われ、耳を立てるのは同種の相手に優位を示すとき。耳を伏せるのは服従や恐怖を表す。その性能も抜群で聴覚も鋭い

撮影地｜ブラジル（パンタナル）
撮影者｜Frans Lanting

大きな耳は小動物の出す音に鋭く反応する。そっと忍び寄り、足を突っ張ったままの姿勢で飛びかかる。草むらのげっ歯類の巣を急襲。小さな獲物に飛びかかるとき、イヌ科動物が見せる独特の姿だ。前足を曲げてぴたりと寄せ、耳は前方に傾く。でも、少しちがう。アカギツネやジャッカルが体をアーチ形に曲げ、尾を硬直させて襲撃するのに対し（187ページ）、足が長すぎるためか、体は伸び、尾は垂れ気味だ。逆に、名前の由来にもなっている焦げ茶色のタテガミが興奮で逆立っている。獲物の首から背骨あたりの急所に噛みついて仕留める。雑食性で、ネズミ、アルマジロ、鳥、トカゲ、両生類、カタツムリ、昆虫など臨機応変に何でも食べるが、好みは体重8kgほどもあるパカという大型のネズミの仲間。糞の調査では果物が半分以上を占め、なかでもロベイラが一番多い。俗に「オオカミの果実」と呼ばれ、独特の苦みをもっているのでタテガミオオカミしか食べない。彼らが果実を食べるのは健康のためといわれ、ロベイラの実は腎臓などに寄生する腎虫（ジンチュウ）を駆除してくれる。そのためか、飼育下で肉だけを食べさせたところ、腎臓や膀胱に石ができたという

撮影地 | 上下とも：ブラジル（ミナスジェライス州セエハ・ダ・カナストラ国立公園）
撮影者 | 上下とも：Tui De Roy

イクメンじゃないけど、オスは食べ物を運ぶ

大型のタテガミオオカミは、ブラジルとその隣接国であるボリビア、パラグアイ、アルゼンチンなどに生息し、南米大陸のイヌ科動物を代表する存在である。「オオカミ」とつくものの、外見や生態はアカギツネ（１８４ページ）に似ている。しかし、進化の系統はオオカミともキツネとも異なるという。

特徴は何と言っても、肢が長く、「イヌ科動物界のモデル」風なスラリとした姿である。際立った肢の長さは、速く走るための適応とも考えられていたが、実際にはそれほど足が速いわけではない。むしろ、丈の高い草が生い茂った草原に暮らすことから、その環境への適応と考える方が自然だろう。

また、タテガミオオカミは基本的に単独で行動する。一夫一妻のペアを作るが、繁殖期以外はほとんど一緒にいることはない。普段はペアのそれぞれが、30㎢ほどの縄張りを隣り合って維持して別々に過ごしているようだ。長い肢と背の高い身体を維持するのには大きなエネルギーを要することを考えると、これもまた、個体単位で十分な食料を確保するための適応であると言えるのかもしれない。

ただし、飼育下では、メスの出産後、オスが子どもの世話をする様子が確認されている。食べものを吐き出して子どもに与えていたり、子どもの毛づくろいをしたり、といった具合である。野生下ではどうなのかは、観察例が少ないために十分にはわかっていないが、飼育下と同様に、普段の単独行動ぶりから想像する以上に、オスが子育てにおいて大事な役割を果たしている可能性もあるとも考えられている。

獲物は主に、ネズミの仲間やウサギ、アルマジロなどの小ぶりな動物で、やはり単独で狩りをする。その際、ゆっくりと忍び寄ってパッと跳びかかる方法はアカギツネとよく似ている。

またニワトリなどの家畜を襲うため、地域によっては害獣として駆除の対象とされているが、その一方で、このオオカミの身体には薬効を持つ成分が含まれるという言い伝えもあり、地域によっては病気を治すために肉が食べられたりもしている。そこには、この美しい動物を殺すことに肯定的な意味を与えようとする人間の複雑な意図が働いているのではないかという想像もしてしまう。

近年は、灌木・草原の農地化による生息地の減少や交通事故がこのオオカミの個体数を減らしていて、いずれにしても人間が彼らの最大の脅威であることは確かのようだ。

散歩するタテガミオオカミの母子。子どもの体色は薄く、タテガミはまだ生えていない。黒いソックスははっきりしているものの、足はまだ短い。生後、数カ月頃からだんだん足は長くなる。離乳は生後4カ月ほどで、子どもは1年近く親に養ってもらう。1歳頃までは母親の縄張りにとどまる。生後1年で性成熟はするが、繁殖に参加するのは生後2年目以降である

撮影者｜Terry Whittaker

そろそろ耳が立つ頃、小さな探検の始まり

生後34日の赤ちゃん。体は黒っぽく、尾先は白い。生後8～9日で眼は開くので、ぱっちりしている。耳はまだ垂れているが、生後1カ月ほどで耳は立つので、そろそろ。好奇心いっぱいの表情で、まわりを散策しようとしている。あとひと月ほどで、体毛は淡い赤褐色に変わる。母親の妊娠期間は62～66日、6～9月に1～5頭、最大7頭の子を地上の巣に産み落とす。巣は丈の高い草や茂みなど、身を隠せる場所につくる

撮影地｜ブラジル　撮影者｜Tui De Roy

タテガミオオカミの分布

DATA

和名	タテガミオオカミ
英名	Maned Wolf
学名	*Chrysocyon brachyurus*
保全	IUCNレッドリスト―準絶滅危惧（NT）
体重	20～23kg
頭胴長	100～132cm
肩高	72～90cm
尾長	30～45cm

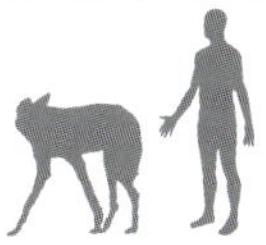

ダックスフンドに子グマの顔をつけたような、とてもイヌの仲間とは思えない外見。でもこれが名前のブッシュ、薮や森の下生えを、くぐり抜けるには最適な体つきとなっている。毛なみは粗く、毛色は褐色から暗褐色で、頭と首すじはやや明るい。足と尾はほぼ黒い。ペアや家族といるときの甲高いピーピーという鳴き声がかわいく、ひんぱんに鳴き声をかわして視界の悪い生息地で大人同士が連絡を取り合っている

撮影者｜Anthony Wallbank

ヤブイヌ

最も原始的なイヌは ダックスフンド型

現在生きているイヌ科の仲間で最も原始的な動物といわれるのが、南米大陸の北側半分に広く分布するヤブイヌである。胴長、短足でダックスフンドのような姿だけでなく、丸くて小さな耳や、短い鼻づらも独特だ。

見た目だけでなく挙動も一風変わっている。水生動物かと思わせるほど泳ぎや潜水が得意で、指の間には水かきもあり、獲物が水の中に逃げると水中まで追いかけて捕まえてしまう。その標的となるのは、自分よりも大型のネズミの仲間であるパカやカピバラなどだが、狩りの際には、群れで相手を水中に追い込み、水中での追いかけ担当と、獲物が上がってくるのを防ぐための陸上での見張り担当に分かれるという。このように協力して狩りを行うようになるためか、ヤブイヌは子どものころから食料を巡って争うことがなく、仲良く分けて食べるのも特徴である。ちなみに肉食で、小型の哺乳類や鳥類をよく食べる。

陸上でもなかなか機敏な動きを見せる。特に後ろ向きでも前向きと同じくらいの速度で走れるのが珍しい。これは、昼間は巣穴で生活することが多く、そこで外敵に襲われると向きを変えずに逃げなければならないための適応だろうと言われている。さらに驚かされるのは、尿でマーキングする際の姿勢である。なんと逆立ちして放尿するのだ。オスだけでなく、メスも出産経験をするとまさに手だけで逆立ちして、木などに向けて尿をかけて行うという。

このように、外見にも挙動にも独自の特徴があることが知られているが、水辺近くの林などで夜に活動するせいもあり、野生で確認されることは少ない。

ただ、野生で発見するのが困難になったのは、１９９０年代半ばからであるという。１９７０年代には、特に森林破壊が激しい地域を除いては、安定して生息していることが確認された。しかし、１９８０年代に入って人口増加や森林伐採が進む中で、個体数が著しく減少していったと見られている。21世紀になってからもその傾向は変わらず、12年間で20～25%減少したと推測されている。

ヤブイヌの分布

DATA

和名	ヤブイヌ
英名	Bush Dog
学名	*Speothos venaticus*
保全	IUCNレッドリスト―準絶滅危惧（NT）
体重	5～7kg
頭胴長	57～75cm
肩高	約30cm
尾長	12～15cm

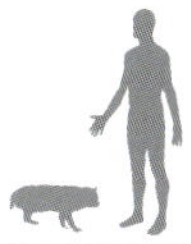

上｜ 母親を呼ぶ子どもたち

母親を呼ぶヤブイヌの子どもたち。キツネの子どもなどとちがって、子ども同士で食べ物をめぐって争うことはほとんどない。群れで狩りをするイヌ科の動物の特徴ともいえ、オオカミの子どもたちと同じように仲良く食べる。母親の妊娠期間は65～83日、ふつう3～6頭の子を産む。父親は授乳するメスに食べ物を持ち帰る。生後4週で離乳し、1年ほどで性成熟する

撮影者｜G. Lacz

下｜ 体型どおりカワウソのように泳ぐ

指の間に水かきがあってカワウソのように泳ぎ、潜れる。そのため水辺に近い林縁や低地の湿った森林を好む。夜行性で、日中は木の洞(ほら)やアルマジロが捨てた巣穴にひそんでいる

撮影者｜Daniel Heuclin

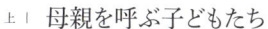

コミミイヌ

密林の奥深くに隠れ棲む
耳の小さな原始のイヌ

ヤブイヌに似て胴長、短足で耳が丸く小さいが、顔は鼻づらが長くイヌの仲間に近い。耳の長さは34～56㎜でイヌの仲間では一番短い。歯は長くて太い。植物を少し食べ、小型のシカやペッカリー、ネズミ、カニ、昆虫などを食べるとされてきたが、ペルーでの調査によると、魚が3割近くを占め、半水生生活との説を裏づけている

撮影地｜ペルー（ペルーのアマゾン熱帯雨林タンボパタ川流域）

体毛は非常になめらかで、背側は灰色がかった黒褐色、腹側は赤茶色の混じったさまざまな灰色。背中の中心から尾にかけて濃い帯が入る。足と尾は黒っぽく、尾はキツネのようにふさふさしている

撮影者｜TOM McHUGH

コミミイヌは、アマゾン川上流の、標高１０００ｍ以下の熱帯雨林に生息している。名前の通り耳が小さいのが特徴だ。また、ネコのように忍び足で歩くことや、体毛が短く滑らかで足には水かきのようなものがあることが知られている。これらの特徴から、密林の中で獲物に忍び寄って捕獲する習性があり、かつ、水に入って生活する時間が長いのではないかと推測される。

しかし、コミミイヌはめったに姿を見せることがなく、野生での生態はほとんどわかっていない。アメリカの動物園での飼育例があり、それによれば、オスは人によく馴れ、親しい人間とよく一緒に遊びたがるのに対して、メスは、どの人間にも敵意を見せ、よくうなったりするのだという。

ところで、耳のような身体の末端部分は、一般的に極域から離れて熱い地域に行くほど大きくなる傾向がある。身体の末端が大きいとラジエーターのような役割を果たし、熱を逃しやすいからであり、アフリカの砂漠に生息するイヌ科のフェネックが大きい耳を持つのはそのためである。

気温の高い南米に生息するコミミイヌの耳が小さいのはその点からは説明がつかないが、密林にすむことから、イヌが平原で速く走るように進化する以前の原始的なイヌの姿はこうだったのではないかとも考えられている。

コミミイヌの分布

DATA

和名	コミミイヌ
英名	Small-Eared Dog／Small-Eared Zorro
学名	*Atelocynus microtis*
保全	IUCN レッドリスト―準絶滅危惧（NT）
体重	約9kg
頭胴長	72～100㎝
肩高	約35㎝
尾長	25～35㎝

カニクイイヌ

足の短いキツネのような
カニが好きなイヌ

サバンナやその周辺の乾燥した林から、深く湿った森林まで幅広い環境に適応して生息する。他のイヌ科の動物に比べて足が短く、がっしりとしているのが特徴である。森林の下生えの中でも動きやすいように進化したようである。

名前の通り、カニを好んで食べるものの、決してグルメなのではない。あるものを何でも食べる雑食の動物だ。脊椎動物では野ネズミからトカゲやカエル、鳥まで食べ、無脊椎動物ではバッタなどの虫やカタツムリも好物だ。さらに野菜や果物、動物の死骸、人間の糞尿、イグアナやカメの卵まで、何でも食べる。ただ、季節によって食性が変わる。雨季には主に虫や果物を食べるのに対して、乾季には、低地で各種脊椎動物や陸生のカニ中心の食生活を送っていると見られている。

ちなみに学名は*Cerdocyon thous*であるが、属名のCerdocyon（カニクイイヌ属）は、ギリシャ語でキツネを意味するkerdoとイヌを意味するcyonに由来し、種小名のthousは、同様にギリシャ語のジャッカルに由来するという。

カニクイイヌの分布

DATA

和名	カニクイイヌ
英名	Crab-Eating Fox
学名	*Cerdocyon thous*
保全	IUCN レッドリスト―軽度懸念(LC)
体重	6～8kg
頭胴長	60～70cm
尾長	30cm

横顔はジャッカルにも似ている?

夜半に獲物を探すカニクイイヌ。和名はイヌだが、英名のフォックスのとおり、足の短いキツネにも見える。横顔の表情からはジャッカルを連想させる。体色は灰茶色で、尾の先端や下あご、耳先は黒い。後頭部から尾部までの背中の背線(正中線沿い)は黒みがかり、腹部は白っぽい

撮影地 | ブラジル(マットグロッソ州パンタナル)　撮影者 | Ben Cranke

夕暮れ時、ブラジルはパンタナルの低湿地帯のサバンナで獲物を探すカニクイイヌ。夜行性で、昼間は土穴で過ごし、日没から夜半にかけて獲物を求めて活動する。開けた草原に1頭か家族ですみ、ペアは縄張りをもつ。通年、妊娠可能で妊娠期間は52～59日、ふつう3～6頭の子どもを産む。生後6週間ほどで親とともに狩りに出るが、離乳は生後3カ月までかかる。生後5～8カ月で独立し、9カ月ほどで性成熟する

撮影地 | ブラジル(マットグロッソ州パンタナル カイマン自然保護区)
撮影者 | Tui De Roy

スジオイヌ

草原のキツネと呼ばれる
小さな臆病なイヌ

体毛が短く、鼻づらはキツネよりは短いものの、英名のようにキツネに近い外見をしている。毛色は全体に灰色がかっており、黄褐色の毛が混じる。足と耳は赤みを帯び、腹部の色は薄くクリーム色。背中の正中線に沿って尾の先まで暗色の線が走り、尾の背面には黒い線、尾腺の上に黒い点がある

撮影地｜ブラジル
撮影者｜Laurent Geslin

体長は約60cmで尾長は約30cm、体重は最大でも4kgほどしかない小さなイヌだ。ブラジル中部を中心に比較的よく見られる種ながら、なぜか長い間、生態についてはほとんど調べられることがないままだった。カンポと呼ばれる木が疎らに生えた草原によく生息することぐらいしか知られずにいた。家禽を襲うために人間に嫌われ、駆除される対象だったこととも関係しているのだろうか。

しかし、20世紀の終盤になってようやく研究が進んだ。その結果、スジオイヌに特徴的なこととして判明したのは、最も重要な獲物がシロアリらしいということである。調べられた糞の9割近くにシロアリが含まれていた。

また、臆病で、アルマジロの穴などを隠れ家にしていることは以前より知られていたが、自分の子どもを守るためには攻撃的にもなることも新たにわかってきたようだ。

英語名hoary foxのhoaryとは、白や銀色を意味するが、これは、一部に白い毛を持つゆえであろう。その一方、日本語名の「スジオ」とは何かといえば、尾の中央部分に黒い筋が通っていることを指している。しかも、英語ではfox、すなわちキツネなのだ。

英語名と日本語名で注目しているところが全く違うのも、なんとなくこのイヌのとらえどころのなさを示唆しているといえようか。

メスはふつう8月から9月にかけて2～4頭の子を産む。出産はアルマジロなど他の動物の巣穴を利用する。妊娠期間は約50日。離乳は生後4カ月ほど

撮影地｜ブラジル　撮影者｜Colombini Medeiros, Fabio

スジオイヌの分布

DATA

和名	スジオイヌ
英名	Hoary Fox ／ Small-Toothed Dog
学名	*Lycalopex vetulus* ／ *Dusicyon vetulus*
保全	IUCNレッドリスト―軽度懸念(LC)
体重	3.6～4.1kg
頭胴長	58～64cm
尾長	28～32cm

ダーウィンギツネ

ビーグル号に乗った ダーウィンがチロエ島で発見

イギリスの地質学者・生物学者ダーウィンは、進化論を生み出す発端となったビーグル号での航海中に、チリのチロエ島に立ち寄った。そこで彼が発見したキツネとされるためにこの名がついた。ダーウィンは島でこのキツネを見つけたとき、夢中になって人間を眺めているところを後ろからハンマーで殴って殺したと述べているが、彼はそこから、このキツネが警戒心が少ない動物であると感じたようだ。ならばそんな残酷な殺し方をしなくてもよさそうなものであるが。

チロエ島と、そこから北に６００kmほどの、本土側にあるナエルブタ国立公園の2カ所にしか生息しないと長い間考えられてきた。加えて個体数も少なかったことから、ＩＵＣＮのレッドリストにおいて「絶滅寸前（ＣＲ）」というカテゴリーに入っていたが、２０１３年頃から、じつはこの2カ所以外の場所にも生息していることがわかってきた。その結果、これまでは最大でも２５０頭ほどしかいないと推定されていたのが、上記の2カ所だけでも少なくとも計６００頭はいると考えられるようになり、同レッドリストの評価は、２０１６年から、「絶滅寸前（ＣＲ）」より危機レベルが1段階下がり、「絶滅危惧（ＥＮ）」へと移された。

体長は60cmほどしかなく、足も短く小柄でかわいらしく見えるものの、家畜を襲うことがあるために、現地では人間に駆除されることも多いという。

右｜チリ沿岸のチロエ島の温帯林を歩くダーウィンギツネ。クルペオギツネ属は、南米にのみ6種が生息しているが、名前に反して分類学的にはキツネよりもイヌやオオカミに近い。ダーウィンギツネはチリの固有種で、チロエ島では昼行性で単独生活、本土では夜行性でペアでの生活が観察されている。短足でずんぐりした体型で、体毛は濃い灰色。手足や耳に赤みがかった部分がある。腹は白く、アゴの下に白い模様がある。尾先は白くない

撮影地｜チリ(チロエ島)　撮影者｜Kevin Schafer

左｜雑食性だが、小型哺乳類をよく食べる。鳥、は虫類、家畜の死骸のほか、ナエルブタ国立公園では、チリマツの種子を好む。岩穴など巣穴で出産し、2～3頭の子を産む。10月に授乳中のメスが捕獲されており、離乳は2月頃。この頃にオスによるグルーミング(毛づくろい)が増える一方、メスはあまり面倒をみなくなる

撮影地｜チリ(チロエ島)　撮影者｜Kevin Schafer

ダーウィンギツネの分布

DATA

和名	ダーウィンギツネ
英名	Darwin's Fox ／ Chiloe
学名	*Lycalopex fulvipes* ／ *Dusicyon fulvipes*
保全	IUCNレッドリスト―絶滅危惧(EN)
体重	オス1.9～4kg、メス1.8～3.7kg
頭胴長	オス48～59㎝、メス48～56㎝
尾長	オス20～26㎝、メス18～25㎝

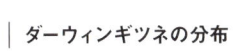

ロギツネ

パタゴニアの荒々しい峻険な山々を背景に、荒れ地を歩くチコハイイロギツネ。もともとは平地が好みの動物だが、安全を求めて高山にまで生息地を広げてきた。しかし、個体数の激減により、高山で見られるのは珍しくなっている。撮影されたトーレス・デル・パイネ国立公園は、荒涼としたパタゴニアの絶景を見るため毎年、多くの観光客が訪れるが、ユネスコにより生物圏保存地域に指定されている

撮影地｜チリ(トーレス・デル・パイネ国立公園)
撮影者｜Ben Hall

チコハイイ

海辺から3,000m超の高地まで
広い範囲に棲む小さなクルペオギツネの仲間

パタゴニアの自然は厳しい。この地域の冬の最低気温は平均−3℃。大地と一緒にチコハイイロギツネまで凍ってしまいそうだ。冬場の獲物探しも過酷だ。彼らの好みは、げっ歯類をはじめ哺乳類だが、厳しい冬を生き抜くためだろうか。食べ物の3分の1は動物の死骸だという

撮影地 | チリ(トーレス・デル・パイネ国立公園)
撮影者 | Simon Littlejohn

チリとアルゼンチンという南方地域原産のチコハイイロギツネは、その毛皮を狙う人間との戦いに長い間さらされてきた。低地の平原や草原、海岸から、標高3000mを越える山まで、幅広い環境に適応して暮らす種ながら、人間の激しい狩猟にさらされて数が激減した。現在は限られた地域にしか見られなくなった。

前項のダーウィンギツネは、ここ数十年の間に数が増えていったと考えられているが、それはこのチコハイイロギツネの数が減少したことにも関係していると推測される。

主食はネズミの仲間で、次いでトカゲや鳥類もよく食べる。ただし、季節によって食生活は変化する。冬はネズミの仲間を食べる量が減り、その分無脊椎動物を多く消費するという。

1950年には、現地のウサギの数を調整するという目的でティエラ・デル・フエゴ（フエゴ諸島）にも移入されたが、じつはウサギはあまり食べないことが後の調査から判明した。

また、家畜の羊が食べられるのを防ぐためという名目で伝統的にこのキツネの駆除も行われてきたが、調べると、じつは羊はそんなに食べられていないことも明らかになった。

毛皮目的のみならず、他の動物の調整と自身の駆除。どこまでも人間に翻弄されてきたキツネなのである。

暖かで獲物も豊富な3月。チコハイイロギツネが草原を小走りしている。名前の「チコ」はスペイン語で「小さい」という意味。クルペオギツネ属の中でも小型でほっそりしている。頭など一部に黄褐色が混じるが、全体の毛色は名前どおり灰色がかっている。アゴにくっきりした黒い点があり、尾の上面に線が入り、尾先も黒。撮影された公園での観察調査では、8月に交尾して10月に4〜6頭の子を産んだという。オスはメスに食べ物を運ぶなど、ペアで育児するが、しばしば子育てを手伝うヘルパー（繁殖をしないメス）が加わる。子どもたちは生後5〜6カ月で独立し、性成熟には1年ほどかかると考えられている

撮影地｜チリ（トーレス・デル・パイネ国立公園）　撮影者｜Jose B. Ruiz

チコハイイロギツネの分布

DATA

和名	チコハイイロギツネ
英名	South American Gray Fox／Chilla／Argentine Gray Fox／Chico Gray Fox
学名	*Lycalopex griseus*／*Dusicyon griseus*
保全	IUCNレッドリスト―軽度懸念（LC）
体重	2.5〜4kg
頭胴長	42〜68㎝
尾長	30〜36㎝

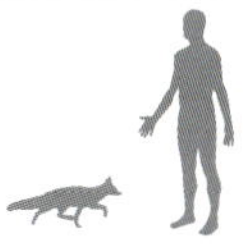

パンパスギツネ

人を見るとフリーズして動かなくなる

パンパスギツネが日中の草むらで一休みしている。巣は自分で丈の高い草むらや、深い下生えに土穴を掘って作るが、木の洞(ほら)、岩の隙間、洞穴からアルマジロなどの巣穴まで、空洞があれば何でも巣にしてしまう。三角形の耳は幅広く、比較的大きい。ほぼ全身に短い毛がびっしり生え、毛皮としての商品価値が高い。体毛は一様にまだら状の灰色で、背中から尾にかけて黒みがかった線が走り、尾の先は黒。喉や腹側は白っぽい。鼻づらの上部や耳裏、足の外側は赤っぽく、北部の個体ほど体色が鮮やかである。なお、パンパスとは、生息地でもあるアルゼンチン中央部の草原地帯のこと

撮影地 | チリ(トーレス・デル・パイネ国立公園)
撮影者 | Winfried Wisniewski

あたりを警戒しながら子どもに授乳する母親。パンパスギツネは基本的に夜行性だが、日中も活動する。単独で暮らし、狩りも単独で行うが、繁殖のときだけペアで行動し、一緒に子育てする。イヌ科の中で最も雑食性が強いといわれ、ノウサギなどを好むが、果実などの植物質も25％ほど食べる。メスは年に1回だけ発情して8～10月に交尾する。妊娠期間は55～60日で、ふつう58日。現地の春にあたる9～12月に1～8頭、ふつう3～5頭の子を産む。子どもの成長が早く、2カ月ほどで離乳して両親とともに狩りに出るようになる。メスは1年目に性成熟する

撮影地｜チリ

パンパスとは、南米のアルゼンチンやウルグアイに見られる乾燥した大草原のこと。その草原をはじめ、砂漠や丘陵地、時には標高4000mの高地にも暮らすイヌの一種である。名前の通り、ふさふさとした尻尾や細長い顔がまさにキツネという印象ではあるが、いわゆるキツネ（＝キツネ属）とは異なるクルペオギツネ属に含まれる。

毛皮目当て、または家禽の被害を防ぐという目的で、人間に大量に捕獲、駆除されてきた。最高時速60㎞近くで走れるが馬よりは遅いため、馬に乗った人間に狙われるとすぐに捕まってしまうようだ。

そんな経験をしながらも、なぜか人間をまったく警戒しないといわれてきた。人間の姿を見ると凍りついたように微動だにしなくなり、つかまれても動かないままでいることがあるという。いや、これは警戒していないのではなく、あまりの恐怖に動けなくなっているということ（擬死反射）なのかもしれない。基本的に夜行性だが、人間の少ないところでは日中も活動する傾向があるという点も、かなり人間を気にしているのが伺える。

人間の狩猟によってかつてよりも減少したが、今なお広い範囲に生息し、現状でも個体数は多い。絶滅の心配は今のところないようだ。

パンパスギツネの分布

DATA

和名	パンパスギツネ
英名	Pampas Fox
学名	*Lycalopex gymnocercus* ／ *Dusicyon gymnocercus*
保全	IUCNレッドリスト―軽度懸念（LC）
体重	4.8～6.5kg
頭胴長	50～80㎝
尾長	33～35.6㎝

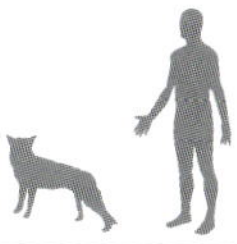

少し情けないような表情だが、危険を感じて死んだふりをするのが習性で、ときに本当に気を失ってしまうらしい。なんともおかしみのある動物だ。巣穴は低い藪の中や岩の隙間などにあるが、げっ歯類が捨てた巣穴を再利用することもある。アンデス山脈では、落石の間に巣を作る

撮影地｜エクアドル（アンデス山脈）
撮影者｜Murray Cooper

クルペオギツネ

死んだふりをしているうちに気絶する

南米大陸のイヌ科動物の中でタテガミオオカミに次いで2番目に大きいのがこのクルペオギツネである。

大陸の西側、太平洋沿岸に近いあたりの、北はエクアドルから南はチリとアルゼンチンにまたがるパタゴニアまで広く分布する。この分布域の特にアンデス山脈西側斜面の、森林と平原の両方が存在する地域がこの種にとって理想的な生息の場であると考えられている。森林では休み、平原では獲物を狙って狩りをするのだ。

クルペオギツネは、目の前に現れるあらゆる獲物を捕まえて食べるが、とりわけ好むのは、ネズミの仲間やヨーロッパノウサギといった哺乳類や、野生のベリー類などの植物だ。また家畜を襲うことも多いため、人間からは駆除の対象ともみなされる。

ただし、警戒心が弱いのか、ハンターに狙われてもあまり隠れようともしないようだ。死んだふりをすることもあるらしいが、おそらく逃げた方が賢明だろう場面でも逃げないために、「愚か」であり、「狂気」の沙汰だということから、チリの言葉で、そのような意味を持つ「クルペオ」が名に冠された。

自然界においては、ピューマから獲物として狙われる立場にあるが、ピューマに対してもやはり死んだふりをするのだろうか。それは確かに狂気の沙汰のように感じられる。

上｜ペアの相手とは最長5カ月ほどいっしょに暮らすが、繁殖期を除くと単独行動だ。外見はアカギツネに似ているものの、もっと大型で大きなオスは13kg以上になる。肩から背にかけて灰色がまだらに入り、下毛は淡褐色。体側もやや黒っぽい。頭、首、耳裏、足は明るく、黄褐色か赤褐色、または黄土色。ふさふさした尾の先は黒い

撮影地｜アルゼンチン　撮影者｜Roland Seitre

下｜母親と3頭の子どもが巨大な岩の下の巣穴から出てきた。発情期は8〜10月で、妊娠期間は55〜60日。10〜12月に3〜8頭、ふつう5頭の子を産む。この間、オスも育児に参加して、食べ物を巣穴に運ぶ。生後2〜3カ月すると、親子で狩りに出る。生息地のパタゴニアには1900年代のはじめから、アナウサギとヤブノウサギが移入されている。クルペオギツネとチコハイイロギツネは、これら一部害獣ともなっている2種の個体数を調整する役目も果たしている

撮影地｜アルゼンチン(パタゴニア)
撮影者｜Yva Momatiuk and John Eastcott

クルペオギツネの分布

DATA

和名	クルペオギツネ
英名	Culpeo／Andean Fox
学名	*Lycalopex culpaeus*／*Dusicyon culpaeus*
保全	IUCNレッドリスト―軽度懸念(LC)
体重	4〜13kg、平均7.35kg
頭胴長	52〜120㎝
尾長	30〜51㎝

セチュラギツネ

荒れ地に棲む南米一小さなクルペオギツネの仲間

南米大陸北西部、エクアドル南部からペルー北部にかけての沿岸部にだけ生息する。この領域にあるセチュラ砂漠で最初に見つかったことからこの名がついた。

南米大陸に生息するクルペオギツネ属の中で最も小さな種として知られる。食料が少ない砂漠でも生きられるように適応した結果だろう。また、岩や植物に付着した水分だけで生きられるのも同様の適応によるのだろう。

さらに、猛烈な雑食振りでも知られている。生息環境にもよるものの、トカゲ、カブトムシを筆頭に、海岸に出れば海藻や魚類、砂漠では植物の種、小鳥、バッタ、ネズミも食べる。他には、カモメ、フィンチ、各種海鳥とその卵、ヘビ、カニに加え、バナナ、パパイヤ、マンゴーなど、果物類も何でも食べるという具合である。これもまた、砂漠などの過酷な環境で生きていくためなのかもしれない。

そして、このあたりの他のキツネたちと同様に、人間による狩猟に苦しめられ続けている。このキツネが家畜を食べるために駆除の対象とされていることに加え、身体の一部が地元の手工芸品や民間医療などに使われることによるらしい。

低い灌木におおわれた砂漠や、砂丘などがある荒れ地が典型的な生息地である。発見されたセチュラ砂漠は、寒い砂漠で食料も乏しい。夜行性で、昼間は土の中の巣穴で休んだり、まれに茂みに潜んでいる。食性は季節と地域によって大きく変わる。セチュラ砂漠の冬季では植物質の種子が食べ物のほとんどを占める。その他、昆虫、ネズミの仲間、鳥の卵、魚、海藻、腐肉などを食べる

撮影地｜ペルー（ランバイエケ県セッロ・チャパリ）

撮影者｜Tui De Roy

食べ物から水分を補給できるので、飲み水なしで長期間生き延びることができるはず。しかし、北部乾燥林の生息地を流れる川の水をおいしそうに飲んでいる。体色は淡い灰色のアグーチに下毛は淡黄褐色。アグーチとは、一本一本の毛が濃淡のある縞模様になっているもの。腹側は薄い白か、クリーム色。白い胸には灰色の帯が水平に入る。耳裏、目のまわり、足はいずれも赤褐色。顔は灰色で鼻づらは暗褐色。尾の先は黒い。10～11月に子どもが生まれた記録が残っているだけで、繁殖についてはまったく分かっていない

撮影地｜ペルー（ランバイエケ県セッロ・チャパリ）
撮影者｜Tui De Roy

セチュラギツネの分布

DATA

和名	セチュラギツネ
英名	Sechura Fox ／ Sechuran Fox ／ Sechura Dsert Fox
学名	*Lycalopex sechurae* ／ *Dusicyon sechurae*
保全	IUCNレッドリスト―準絶滅危惧（NT）
体重	平均2.2kg
頭胴長	約50㎝
尾長	23㎝

の仲間たち

われに、ゆだねよ
オオカミの消えた世界を

われに、ゆだねよ
とほうもない闇を
オオカミたちの遠吠えの消えた
貧しき、飢える世界を
われは、わがともしびを
黄金の扉のよこにかかげ
砂漠に赤い花々を咲かせん

美しいデイジーの花が咲き乱れる草原にたたずみ、後ろの仲間を振り返るオオミミギツネ。南アフリカのナマクア国立公園は、神々の花園とも呼ばれ、4千種以上の野生花が自生している。ひび割れた荒れ地に雨が降るのは現地春先の8～9月だけ。その雨で一斉に開花して、荒涼とした大地にほんの数日間だけ、壮大なオレンジ色の絨毯が敷き詰められる

撮影地｜南アフリカ（ナマクア国立公園）

Part 5 —— Red Fox-Like Clade

アカギツネ

古代のイヌの祖先の生き残り

オオミミギツネ

大きな耳が特徴的なこのキツネは、アフリカ南部と東部の、丈の短い草原や半砂漠の土地に生息し、シロアリや糞虫といった昆虫類を食べて暮らしている。

耳はフェネックギツネに次いで大きく、長さは12cmにもなる。その耳がもたらす高い聴力がオオミミギツネの最大の武器である。地面に聞き耳を立て、地中で昆虫類がわずかに発する音を検知して、掘って素早く獲物を捕まえるのだ。

オオミミギツネが丈の短い草原を好むのは、主食となるシロアリや糞虫がいるためである。シロアリは、草原に生えるイネ科の若い芽の周りに集まるし、糞虫は、草を食べにやってくるシマウマやヌー、スイギュウといった有蹄類《ゆうているい》の糞を食べるため、やはり草原にいるのである。ただし、有蹄類《ゆうているい》たちが食べるべき草を食べ終えて他の場所に移動すると、残りの草が伸びて環境が変わってしまう。するとオオミミギツネもまた移動しなければならなくなる。彼らの生活はその繰り返しなのである。

オオミミギツネのもう1つの特徴は、他のイヌ科の動物に比べて歯が小さく、かつ臼歯が8本も多いことだ。歯は全部で46～50本にもなる(一般的なイヌの歯は42本)。歯が多いのは原始的な種であることの証とされる。シロアリなどの昆虫を主食とするという、イヌ科の動物では珍しい生き方を確立したことで、太古の姿を維持して生き延びることができたのではないかと言われている。

シロアリの蟻塚の前でくつろぐオオミミギツネの親子。生後2週間を過ぎたあたりから子育ての中心はオスに移る。巣穴の中もオスの担当で、子どもたちを暖める。外敵から守り、一緒に遊んであげる。狩りを教えるのもオスの役目。主食はシュウカクシロアリだ。地中にひそみ、イネ科の草の若い芽を刈り取って土中の巣に蓄える。オオミミギツネは、シュウカクシロアリが大群をなして地上に現れるところを襲うが、その前に地中にいるシロアリの音も聞こえているという。比較的小さな頃から狩りに連れ出すが、完全離乳は生後4カ月と、イヌ科でもかなり遅い。これは他の肉食の野生イヌのように吐き出して食べ物を与えることがほとんどできないためともいわれる。生後5～6カ月で親とほぼ同じ大きさになり、6カ月を過ぎると独立する

撮影地 | ボツワナ（チョベ国立公園）
撮影者 | Frans Lanting

育児中のオオミミギツネ。出産、子育てはペアで行い、ツチブタやイボイノシシが捨てた巣穴を再利用したり、自分たちで巣穴を掘ることもある。繁殖期は雨期で、妊娠期間は60～75日。2～5頭の子を産む。生まれたての顔は丸く、大人のように体の割に耳も大きくなく、垂れ下がっている。生後5～9日で眼が開く。写真は生後13日なので、あと1週間もすると耳が立ってくる。子育ての間は、メスとオスは交代で狩りに出かけるが、メスは出産後2週間ほど巣穴の中にいて授乳など育児に専念する。子どもは生後1カ月ほどでオオミミギツネらしい姿形になる

撮影地 | ケニア（マサイマラ国立保護区）
撮影者 | Suzi Eszterhas

大きな耳は集音と放熱の働き

ガラガディ・トランスフロンティア国立公園はカラハリ砂漠の中にあるので、乾燥した大地が広がっている。それが雨期になると、色とりどりの花が咲き乱れ、緑の砂漠に姿を変える。写真のオオミミギツネの表情がよいのは偶然ではなく、人懐っこい性格によるもの。好奇心が強く、人の動きをじっと見つめるという。大きな耳で情報収集をしているのか、英名のバット・イアのとおりコウモリ耳を広げている。アカギツネよりわずかに小さいだけなのに体重は半分。だから全体にスマートだ。眼のまわりに独特の黒いマスクのある小さな顔。足は長い。尾の長さは、キツネでは中くらい。毛色は褐色がかった灰色。お腹は薄いベージュ色。口先、耳先、尾先、足先ともに黒い

撮影地 | 南アフリカ（カラハリ砂漠のガラガディ・トランスフロンティア国立公園）
撮影者 | Ann and Steve Toon

オオミミギツネの分布

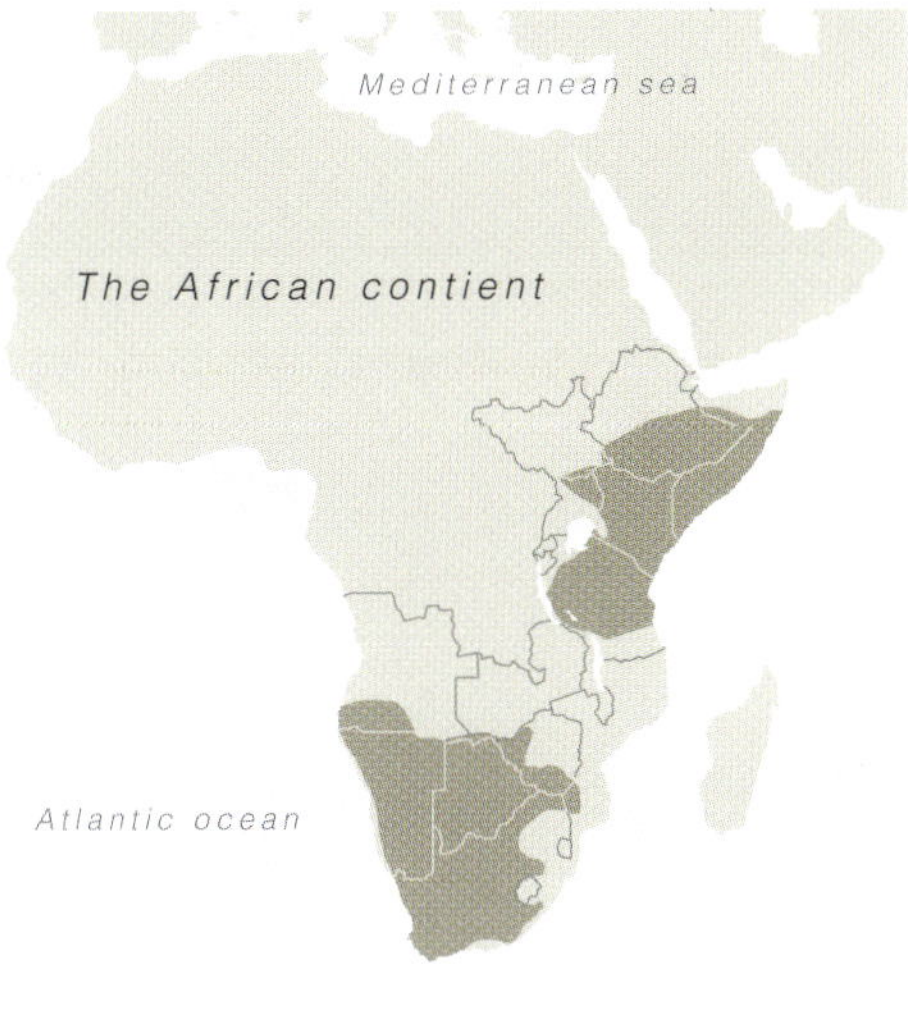

DATA

和名	オオミミギツネ
英名	Bat-Eared Fox ／ Big-Eared Fox
学名	*Otocyon megalotis*
保全	IUCN レッドリスト―軽度懸念（LC）
体重	2～5kg強
頭胴長	47～67㎝
肩高	30～40㎝
尾長	23～34㎝

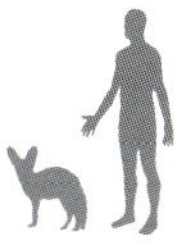

タヌキ

最も原始的な野生イヌ

タヌキの白変種。外来種としてタヌキが定着したヨーロッパやロシア西部では、飼育下で繁殖させたものも多い。それが逃げ出して野生化することもあるという。タヌキの原産地は東アジアだが、毛皮の取引によって旧ソ連に移入されたものが広がり、ポーランドや東ドイツ、さらに北欧や西欧まで、高い適応力で瞬く間に広がった。その一方、中国の一部では絶滅している。おく病で家禽を襲わず、原産地の肉食獣と食べ物を巡って争うこともないので、害獣として駆除の対象にはならないようだ。日本では、水辺に近い深い下生えを好み、広葉樹林にすむが、ヨーロッパでは針葉樹林にもすんでいる。か細い声でクーンと鳴く程度で、イヌ科にしては珍しく吠えない

撮影地｜ドイツ(ニーダーザクセン州)
撮影者｜Frank Sommariva

イヌ科の動物の多くが、進化の過程で森林からひらけた土地へと移った中で、森林に残って独自の進化を遂げたのがタヌキである。

独自の道を進んだものの宿命か、その生き様はたくましい。雑木林に残されたキツネやアナグマの古巣や、人家の床下などを巣穴にし、小動物、昆虫から植物まで、あらゆるものを食べて暮らす。適応力も抜群で、東アジア原産ながら、毛皮目的で導入されたヨーロッパの国々でも繁殖した。

イヌ科の動物としては木に登るのも珍しいが、特に独特なのが「冬ごもり」だ。寒冷地の積雪の多い場所のみであるが、冬季の数カ月間、巣穴などに入って眠るのである。ただその間、体温は2～3度下がる程度で、眠りも浅く、外に出てくることもある。そのため、他の動物の「冬眠」とは区別される。

また、さらに興味深いのが「タヌキ寝入り」だ。猟師が鉄砲で撃ったとき、当たらずとも動かなくなるので、タヌキ寝入り、つまり「死んだふり」をすると思われていた。その後、実は失神しているとも言われたが、他の動物の脳研究によって、実際に死んだふり(擬死)をする動物がいることがわかり、やはりタヌキも意識的に死んだふりをしているのではないかと考えられている。

タヌキは「寝た」話に事欠かないが、知るほどにネタの尽きない動物である。

英名のラクーン・ドッグ(アライグマのイヌ)のとおり、外見は非常にアライグマに似ている。木登りが上手なのもアライグマと同じ。眼のまわりには、いわゆる黒い「泥棒マスク」があり、鼻も黒いが、そのまわりの鼻づらは白っぽい。短い足や、ふさふさの尾の上面も黒。毛色は変化に富み、ふつう全体に灰褐色で、背面はやや黒っぽい。腹側や尾の下面は黄色がかった褐色である。夏毛は短いが、冬毛は長く、下毛が密生する。雑食性で果実から鳥、ネズミ、魚、ヘビなどあらゆるものを食べるが、ホンドタヌキの好物はミミズ。秋には果実などをたっぷり食べて脂肪を蓄え、体重は50%ほど増える。写真は大型の亜種、ウスリータヌキ(*Nyctereutes procyonoides ussuriensis*)で、長い毛が縞模様になっている

撮影地 | エストニア(イダ=ヴィル県アルタグセの森)
撮影者 | Neil Bowman

ひと気のない森の奥、巣穴からちょうどタヌキの赤ちゃんが出てきた。まだ眼が開いていない。生まれたては60〜90gほどで、毛は黒っぽい単色。生後9〜10日ほどで眼が開く。繁殖は1〜3月の早春まで。妊娠期間は59〜64日、3〜8頭の子を産む。ふつうは4〜5頭で、20頭近い記録もある。オスはメスに食べ物を運び、出産後も子どもの面倒をよくみる。生後2カ月で離乳し、4カ月半には親とほぼ同じ大きさになる。生後9〜11カ月で性成熟し、ふつう翌春には独立する

撮影地 | ウクライナ(チェルノブイリ)　撮影者 | Fabien Bruggmann

DATA

和名	タヌキ
英名	Raccoon Dog
学名	*Nyctereutes procyonoides*
保全	IUCN レッドリスト―軽度懸念(LC)
体重	4〜6kg(冬場6〜10kg)
頭胴長	50〜68㎝
肩高	27〜37.5㎝
尾長	13〜25㎝

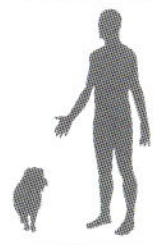

タヌキの分布

フェネックギツネ

最も大きな耳
最も小さな体

暑く乾燥した環境に適応して暮らすキツネの中で、特によく知られているのがこのフェネックギツネだ。アフリカ大陸北部に生息し、西はモロッコから東はエジプトまで、広範囲にわたって各地の砂漠に分布する。最も小型のキツネ類とされ、頭から胴までの長さは30～40センチほどしかない一方で、オオミミギツネと同様に、音に対して敏感でかつ熱を逃がしやすい大きな耳を持っている。

フェネックギツネに特徴的なのは、時に奥行が10mにもなる穴を自分で掘って巣穴とすることである。砂漠の岩の間やわずかに生える草の根元などから、まず1mほどの深さまで掘って、その後横向きに穴を掘り進めていく。穴の中は、日中は地表面よりも温度が低く、夜中は地表面より暖かい。そのため、暑さや寒さの厳しい時間帯はその中で過ごすことになる。そして、比較的過ごしやすい早朝に外に出て日光浴をしたり遊んだりし、夕方の時間帯には獲物を探しに出かけていく。

フェネックギツネは雑食性で、昆虫類や小型のネズミの仲間、ウサギ類や爬虫

イエネコより小さくて、体長は大きくて40cmほど、体重は1.5kg前後、世界最小のキツネであり、世界最小のイヌ科動物でもある。ただし、耳だけはイヌ科最大で15cmにも達する。砂漠に穴を掘ってすみ、大半の時間を地中の巣穴で過ごす。砂漠色で日中の熱をはじき、寒い夜を暖める体毛、皮膚のすぐ下にたくさんの血管を通して熱を放散する大きな耳、水を飲まなくても生きられる腎機能と、砂漠環境に適応した身体をもつ。すばしっこくてジャンプ力もあり、垂直跳び60～70cm、幅跳び120cmの記録が残っている

撮影地｜チュニジア（ケビリ県）　　撮影者｜Bruno D'Amicis

類、鳥類とその卵、さらに果実や種子も食べる。水分は主に果実などの植物質から補給するため、ほとんど水を飲まずとも生きていくことができると言われている。また、自分より大きなノウサギに対しては、素早く喉に噛みついて殺すという攻撃的な狩りをする。飼育下でも、世話をする人間が檻に入ると威嚇するなど、気の強さは持前のものらしい。

10頭程度の個体からなる群れを作って行動するのも、他のキツネ類にはあまり見られない、フェネックギツネ独特の習性だ。群れ全体でよく遊び、鳴き声で互いにコミュニケーションを取るが、そのときはイヌのように「ワン、ワン」と鳴く一方で、相手を威嚇するときは「ニャー」とネコのような甲高い声を出す。イヌとネコとのハイブリッドのようであるのは外見だけではないのである。

家族みなで遊ぶときにも親は常に警戒を怠らない。ハゲワシ、ハイエナ、ジャッカルといった天敵にいつ襲われるかわからないからだ。

しかし、最大の敵は人間なのかもしれない。生活の場所を同じくする先住民族たちは、フェネックギツネの子どもを巣穴から掘り出して捕まえて街に持っていって売るという。毛皮として使われたり、ペットとされたり、また食肉にもなる。それでも、十分な数の個体数がいると考えられていて、絶滅の危機などには瀕していない。

性成熟する前の若いフェネックギツネ。生後9カ月ほどで大人と同じ大きさになり、11カ月で完全に性成熟する。発情期は1～2月、妊娠期間は49～63日で比較的涼しくなる3～4月に1～6頭、ふつう2～5頭の子どもを産む。出産のための巣穴はメスが掘り、産室には植物の葉が敷かれているという。授乳期間は61～70日で、子どもたちはメスに守られて巣穴で過ごす。オスは食べ物を運び、周辺で巣穴を守る

撮影者｜Gerard Lacz

夜の砂漠の、小さな狩人

強い日差しを避け、地中の巣穴で暑さをしのいでいたフェネックギツネが活動を開始する。夕暮れとともに、涼しい夜の狩りがはじまる。大きな耳が、砂の上の小さな獲物のかすかな足音さえ察知する。夜の寒さをしのぎ、日中の熱をはじく、柔らかな体毛で全身が厚くおおわれているが、実はそれだけではない。氷の上を歩くシロクマの足裏が毛でおおわれているように、灼熱の砂の上を歩くフェネックの足裏も厚い毛で守られている。体毛はクリーム色。背面はやや赤みがかっている。腹側は白っぽい。黒色が3カ所あり、尾の先端、尾の付け根の尾腺をおおう剛毛、そして幼い顔を少し大人っぽく見せる長いほおひげである

撮影地 | チュニジア（ケビリ県）　撮影者 | Bruno D'Amicis

フェネックギツネの分布

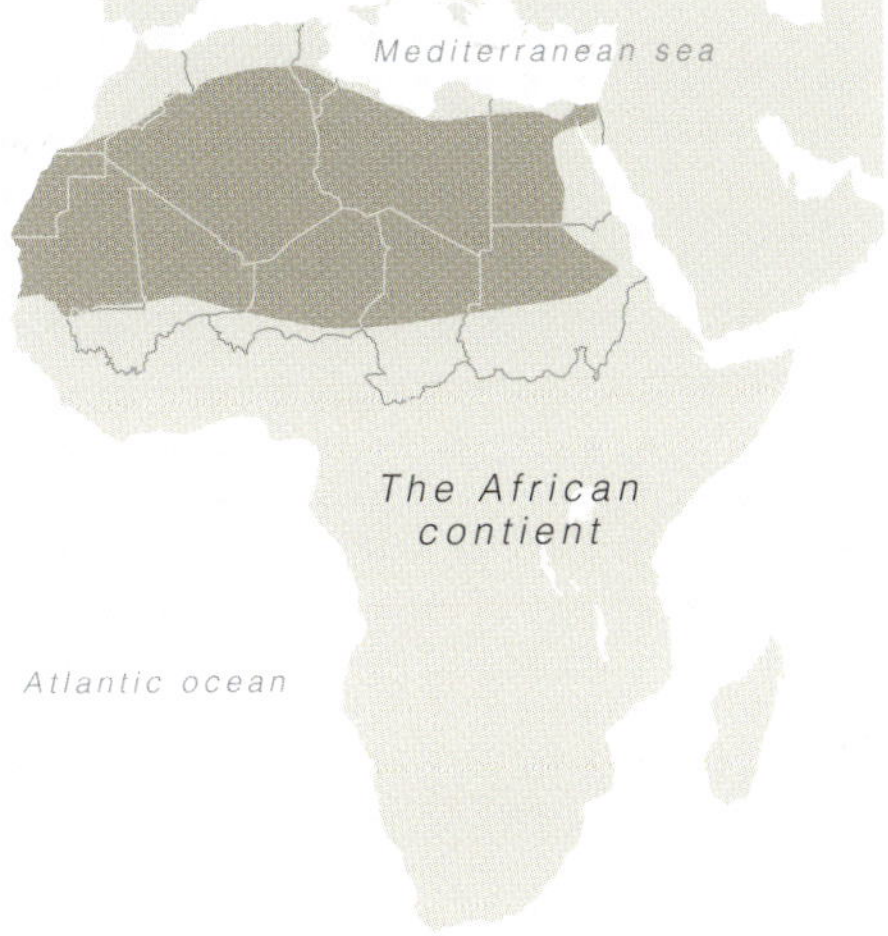

DATA

和名	フェネックギツネ
英名	Fennec Fox
学名	*Vulpes zerda*
保全	IUCN レッドリスト ― 軽度懸念（LC）
体重	0.8～1.5㎏
頭胴長	30～40㎝
肩高	15～17.5㎝
尾長	18～31㎝

ブランフォードギツネ

南西アジアの荒れ地に棲む　最も尾の長いキツネ

身体に比べて大きくふさふさした尾が特徴のこのキツネは、西はイスラエルやシリア、サウジアラビアから、東はパキスタン、アフガニスタンまで、中東各国とその周辺の半乾燥気候の草原や山地に広く生息する。

険しい岩場や切り立った崖を好み、積み重なった岩の下などの隙間を巣穴にする。険しい場所を移動する際には、ネコと同様に鋭い爪を使って登り降りするが、そのとき、体のバランスを取るのに大きな尾を活用するという。

完全な夜行性で、日中は巣穴で休み、日没後30分ほどしてから、獲物を探しに外に出る。においや音に敏感で、岩の下を嗅ぎまわり、音に耳をすまし、小型の動物や昆虫を探し当て、捕獲する。

キツネは一夫一婦のペアを作るものが多いが、中でもブランフォードギツネは一生涯同じペアを維持し、片方が死ぬまでその関係が続くことで知られている。純粋に深い絆で結ばれているのか、または、山岳地帯という悪条件の中を生き抜くためには協力していかなければならないということなのか。

毛皮を目的として人間に乱獲された時期もあったが、いまでは、広い地域に分布していることが確認されており、種としての生存が危ないといったことはないようだ。ちなみに「ブランフォード」というのは、このキツネについて初めて記述したイギリスの地質学者の名前である。

自動撮影カメラがとらえた夜の岩場を歩くイランのブランフォードギツネ。完全な夜行性で、写真のような場所を真っ暗な中でも動き回り、ネコのような動きをする。キツネ類ではフェネックギツネの次に小さい。大きな耳と、キツネ類中最も長い、ふさふさした尾が特徴。体毛は非常に厚く、柔らか。体色は灰色を基調に白や黒がまだら状に入り、褐色も混じる。背中の中央に暗色の帯が尾に向かって流れ、尾の先は黒い。下あごの先は茶色で、眼と鼻の間に小さな黒斑がある。喉や胸、腹は白い。付け根近くの尾の上面にスミレ腺と呼ばれる臭腺をもち、その部分の毛は黒い

撮影地｜イラン(ダルエニール野生動物保護区)
撮影者｜Frans Lanting

体毛はふつう暗灰色で、イスラエルのブランフォードギツネは銀灰色とされる。雑食性だが、バッタやアリなどの無脊椎動物と果実が中心で、肉はあまり食べない。かなりの量の果実を食べるとされ、しばしば果樹や果樹園の近くで見られる。繁殖期は12～1月、妊娠期間は50～60日、2月下旬から3月上旬に1～3頭の子を産む。メスが育てるが、オスの関与は不明である。授乳期間は6～8週間とされ、生後3カ月を過ぎると獲物を捕れるようになり、10カ月で独立する。性成熟は生後8～12カ月

撮影地｜イスラエル(ネゲヴ砂漠)

ブランフォードギツネの分布

DATA

和名	ブランフォードギツネ
英名	Blanford's Fox
学名	*Vulpes cana*
保全	IUCN レッドリスト — 軽度懸念（LC）
体重	3 kg 未満（イスラエルの調査では 1.5 kg 未満）
頭胴長	40～50㎝
肩高	26～29㎝
尾長	30～41㎝

ケープギツネ

オトナになっても、かわいい

名前は、アフリカ南部、南アフリカ共和国のケープ州に多く生息することに由来する。赤道以南のアフリカにいる唯一のキツネ属の動物であるとともに、南アフリカで見つかっている最小のイヌ科の動物でもある。成長しても肩までの高さが35㎝ほど、体重は2.5〜3㎏ほどにしかならない。

開けた草原、乾燥地帯、半砂漠地帯など、熱く乾燥した地域を好む。耳が長くて大きいのは、オオミミギツネなどと同様に、音に敏感でかつ熱を逃がしやすくするためである。

食物としては、トカゲやネズミ、バッタやアリ、ウサギ類なども捕えて食べる雑食性だが、とりわけ昆虫が好きである。野生種の胃内容物の分析をすると5〜6割を昆虫が占めていたという研究もある。

ケープギツネは、個体数は安定して豊富にいるとされているにもかかわらず、より詳細な生活の実態については不明なことばかりである。夜行性で、日中は岩の下や穴の中で休んでいるために見つけにくいからなのかもしれない。あるいは単に研究者に興味を持たれていないだけなのか。

内気で臆病、かつキャンキャンと吠えることは知られているが、よく吠えるのは臆病なゆえなのか、それともコミュニケーションなのか、といったこともやはり不明だ。

左｜ 耳も尾もそこそこに大きい

大きめの細長い耳をピッと立て、あたりを警戒する母親。巣穴の外で、生後2カ月の子ども2頭に授乳している。体毛は全体に黄褐色、背中は光沢のある灰色で黒い毛が混じる。頭部はやや赤みが強く、短くとがった口先と眼の間に栗色の部分がある。腹側は淡黄色。尾の先と上面は黒い。夜行性だが、子どもが日中、巣の外で遊ぶ姿がよく見られる

撮影地｜南アフリカ　撮影者｜Klein & Hubert

右｜ 少し愛して、なが〜く世話して

巣穴のそばでくつろぐ母親と生後2カ月の子ども。巣穴はツチブタやトビウサギなどが捨てた巣を再利用するが、自分でも掘る。繁殖期は8〜9月の2カ月で、妊娠期間は51〜52日。3〜5頭の子を産む。メスが中心に育児し、オスは少なくとも2週間は食べ物を運んでくる。離乳は生後6〜8週だが、子ギツネはその後も生後4カ月まで食事の世話をしてもらう。5カ月ほどで独立して狩りに出るようになり、性成熟は9カ月。オスがどれくらい家族と過ごすかは、分かっていない

撮影地｜南アフリカ　撮影者｜Klein & Hubert

ケープギツネの分布

DATA

和名	ケープギツネ
英名	Cape Fox／Silver-Backed Fox
学名	*Vulpes chama*
保全	IUCN レッドリスト─軽度懸念（LC）
体重	3〜4.5kg
頭胴長	45〜61㎝
肩高	28〜33㎝
尾長	30〜40㎝

キットギツネ

乾いた平原に
たくさんの巣穴をもつ

米国で絶滅危惧種に指定されているキットギツネの亜種、サンホアキン・キットギツネ(*Vulpes macrotis mutica*)の母子。本種は標高400～1900mほどの砂漠や乾燥した草原、藪地にすんでいる。夜行性だが朝方や夕方に活動することもある。巣穴は自分で掘ったり、アナグマやプレーリードッグなどが捨てた巣を再利用する。日中は暑さを避けてほとんど巣の中に潜んでいる。水はけのよい高台に、多いときには10個の巣穴をもち、出入口も複数設ける。夜になると巣穴から出て、小型哺乳類や昆虫、果実などを食べるが、ほぼ肉食。体毛は灰褐色や灰黄褐色で、背中は暗く、腹側は明るい。鼻づらの両側にはっきりした黒い斑紋が入る。尾は灰色で先は黒い

撮影地｜米国(カリフォルニア州サンホアキン郡)
撮影者｜B Moose Peterson

フェネックギツネの北アメリカ版とも言われるのがこのキットギツネだ。フェネックギツネ同様に、乾燥した砂漠での生息に適した特徴を備えている。音をよく聴き、熱を逃がしやすい大きな耳、そして、熱い地面から皮膚を守るために毛で覆われた足裏が特徴だ。

水をほとんど飲まなくても生きられるのもフェネックギツネと同様だが、水分を動物の体液から補給するのはキットギツネだけかもしれない(フェネックギツネは主に植物から水分を取る)。そのため彼らは、食料として必要な量以上の動物を捕獲しなければならないらしい。植物から水分を取る以上に大変なような気もするが、彼らが生息する環境ではその方が容易ということなのだろうか。

キットギツネに似ているのはフェネックギツネだけではない。同じく北アメリカに生息するスウィフトギツネとは、同種なのではないかという説もある。生息域が重なる地域では両者が交雑しており、雑種が見られることなどがその根拠となっている。

だが、形態学的な研究からはやはり両者は別種だろうという声もある。いや、両者は別種でも同種でもない、亜種レベルの違いがあるとする遺伝学的研究もあり、まだ結論は出ていないようだ。

また、キットギツネは、絶滅の危機にはないものの、農地開発などの影響を受けて個体数は減っているという。

キットギツネの亜種、サンホアキン・キットギツネの子どもたちが草原で遊んでいる。キットギツネは12月から翌2月にかけて交尾し、妊娠期間は49〜55日。2〜4月に2〜6頭の子どもを産む。ふつう4・5頭が多い。授乳期間は8週間で、生後3〜4カ月で狩りをはじめ、5〜6カ月で独立。生後10カ月で性成熟する。秋に子ギツネたちが独立していった後もペアで一緒に生活する。ただし、同じ行動圏内で狩りはするものの、巣穴は共有せず、協力して獲物を捕獲することもない

撮影地 | 米国(カリフォルニア州カリゾ平原国立保護区)
撮影者 | Kevin Schafer

キットギツネの分布

DATA

和名	キットギツネ
英名	Kit Fox
学名	*Vulpes macrotis*
保全	IUCN レッドリスト—軽度懸念(LC)
体重	オスの平均2.2kg メスの平均1.9kg
頭胴長	35〜50㎝
肩高	27.5〜30㎝
尾長	22.5〜32㎝

ホッキョクギツネ

マイナス50℃ 極寒の地に生きる

カナダ、ロシア、アラスカ、グリーンランドといった国・地域の高緯度地帯(北極圏)に広く分布するのがホッキョクギツネだ。全身を覆う毛は極めて密度が高く、耳や足の裏にまで生えているため、北極近くのマイナス70度にもなる極寒の環境にも適応できる。耳や鼻が小さいのも、先端部分から熱が逃げるのを防ぐためで、寒さへの適応の結果だ。

ホッキョクギツネは体毛の色に2種類あることでも知られている。全身純白の「白いキツネ」と、青と灰色が交ざったような「青いキツネ」だ。前者は、冬、完全に雪で覆われ真っ白になる地域に生息し、後者は、沿岸や低木地域など、より広く分布する。また、両者とも夏には換毛して、色もそれぞれ、灰褐色とこげ茶色に変化する。「白いキツネ」も、夏には白くない平原や草地に溶け込まなければならないからだ。

極端に寒い場所では食料の確保が困難だが、その点もホッキョクギツネは生き抜く方法を確立してきた。まず、食料を求めて極めて長い距離を移動できる。以前このキツネにマーカーをつけて行われた調査では、直線距離で1530㎞にもなる2点間を1年で移動したことが確認されているし、1日のどんな時間でも食料を求めて動き回る。さらに、岸から800kmも離れた海の氷上にいる姿も発見され、自在に氷の間を移動でき、泳ぎもうまいことがわかっている。

そのような高い移動力を活かして獲物を探索し、レミングやハタネズミ、ホッキョクウサギなど小型の哺乳類を捕まえる。レミングなどは、雪に穴を掘って待ち伏せて捕獲する。また、ノウサギやトナカイの子ども、魚や果実、さらにはアザラシやクジラの死肉を食べることもある。

獲物を確保するためには、ホッキョクグマの力も借りる。大きなホッキョクグマについてまわり、そのおこぼれにあずかるのだ。ホッキョクグマはアザラシを捕まえて食べるが、脂肪だけ食べてあとは捨てて去るため、残りの肉や内臓は自由にいただけるのである。

また、厳しい冬を乗り越えるために、夏には、その場で食べる以上の獲物を捕まえて貯蔵もするという。彼らは、何世代にもわたって1つの巣穴を利用して、徐々に拡大させていくが、その中に獲物を持ち込み、石の下や岩の割れ目などに隠して冬まで保存しておくのである。

鳥や小動物がきれいに並べて保存されてあったという報告もある。貯蔵する力はこのような極寒の地で生きていくために必要不可欠であるために、そこまで進化したのだろう。

極寒の雪原で獲物を探すホッキョクギツネ。実験ではマイナス80℃の低温にも耐えられ、どんなに寒くても冬眠や休眠状態になることはない。気温の下がる冬にそなえて、秋に脂肪分を蓄積し、体重が50%以上増えることもある。嗅覚が鋭く、雪の下77㎝にある凍ったレミングの死骸や1.5m下にあるアザラシの巣穴を見つけることができたという。アカギツネのような狩りも得意で、浅い雪の下の獲物を嗅ぎつけると、垂直に跳び上がって、頭から雪の中に突っ込んで獲物をとらえる。おもに単独で行動して、安定した群れは作らない。繁殖しない群れで食べ物を探して移動したり、繁殖するペアと育児を手伝うヘルパーとの小さな群れを作ったりすることがある

撮影者 | Gillian Lloyd

純白の美しいキツネ

目と口を閉じれば、足裏を含めて全身が深い毛におおわれ、むき出しなのは黒い鼻先だけ。熱をうばわれないように耳は丸く小さく、鼻づらは太く短く、足も尾も短くなっている。体全体もずんぐり丸い。体温が逃げるのを防ぐため、寒さにさらされる全身の表面積を小さくしているのだ。特に重要なのが熱放出が激しい耳。だから、暖かい地方にすむキツネほど、逆に耳が大きくなっている。10月から4月は、写真のような深く密生した羊毛状の冬毛(ふゆげ)になる。白い体毛の70%はこまかい下毛(したげ)で全身にびっしり生えている。足の裏まで密におおわれ、保温だけでなく、氷の上を滑らずに歩くことができる。もちろん冬の白毛は、雪景色の中にとけこみ、獲物と捕食者、双方へのカモフラージュとなっている

撮影地 | ノルウェー(フランタンゲル)
撮影者 | Willi Rolfes

上｜夏が近づくと白い毛が抜けて、まわりの岩やツンドラ、草地の色に合わせて、いぶしたような灰褐色に変わってゆく。背側は灰茶色から灰色、腹側は灰色になる。その夏毛から冬毛に生えかわる中間の時期は、まだら状。写真は冬の純白のキツネに変わる直前だろうか。顔だけに灰色が残り、仮面をつけたようなポートレイトになっている。冬毛も地域によって異なり、一年をとおして褐色のタイプもいるという

撮影地｜カナダ　撮影者｜Chris Schenk

下｜アラスカの野生保護区の10月。沖合いの流氷の上でかけっこをして遊ぶ2頭のホッキョクギツネ。ふっくらした体が深い純白の毛でおおわれている。ホッキョクグマやホッキョクオオカミの体毛はすべて純白の1色だが、珍しいことにホッキョクギツネには2つの毛色がある。白毛型と青毛型の2タイプで、それぞれ夏と冬とで毛色が異なる。それもひと腹の子どもたちに両方のタイプがいることもあるという。2つの色彩型は、わずか1つの遺伝子で決定されており、白毛型が劣性遺伝子だ

撮影地｜米国（アラスカ州北極野生生物国家保護区）
撮影者｜Steven Kazlowski

上 | 季節で色が変わる

夏に向かって純白の毛が抜け落ちようとしているのか、まだら模様のホッキョクギツネの母親が、あたりを警戒しながら子どもたちに授乳している。子どもの体色は暗褐色だ。出産は春から初夏(4～7月)、妊娠期間は49～57日で、ふつう51か52日。生まれる子どもの数は獲物によって大きく変動する。安定していれば4～5頭、主食のレミングが大量に補食できれば20頭を超えるという。子育てはオスも手伝い、食べ物を運んでくる。生後3～4週で巣穴から出て、離乳は9週目。生後9～10カ月で性的にも成熟する。

撮影地 | ノルウェー(スヴァールバル諸島)　撮影者 | Jasper Doest

下 | タイプでも色が変わる

海岸の切り立つ崖で休む青毛型のホッキョクギツネ。夏毛なのでチョコレートブラウン(濃い茶色)になっているが、冬には淡い青灰色になる。青毛型は、アラスカやカナダ、ユーラシア大陸ではほとんど見られず、1%以下。カナダのバフィン島で5%以下、グリーンランドでは50%以上に達する。そして写真のプリビロフ諸島のような小島では90%以上が青毛型なのである。青毛型になるか、白毛型になるかは、雪にどれほどおおわれるかなど、生息環境に大きく左右されているようだ

撮影地 | 米国(アラスカ州プリビロフ諸島セントポール島)
撮影者 | Yva Momatiuk and John Eastcott

白い雪原を背景に、ホッキョクギツネが野原の上でハクガンに襲いかかっている。北極圏で繁殖する多くの海鳥たちにとって、ホッキョクギツネは天敵の一つである。卵や雛が狙われるだけでなく、成鳥も襲われる。そして、写真のハクガンにとっては、最大の天敵なのである

撮影地 | ロシア(ウランゲリ島)　撮影者 | Sergey Gorshkov

DATA

和名	ホッキョクギツネ
英名	Arctic Fox
学名	*Vulpes lagopus*
保全	IUCN レッドリスト—軽度懸念(LC)
体重	オス平均3.5kg(3.2～9.4kg) メス平均2.9kg(1.4～3.2kg)
頭胴長	オス平均55cm(46～68cm) メス平均52cm(41～55cm)
肩高	25～30cm
尾長	26～42cm

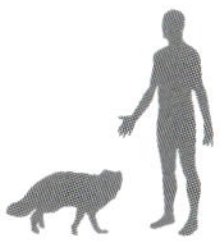

ホッキョクギツネの分布

カギツネ

灼熱の砂漠から極寒のツンドラまで
哺乳類で最も広い分布

知的な動物

写真はヨーロッパの個体なので、5kg前後の北米産よりひとまわり大きい。中型のイヌ科動物であるアカギツネは、脂肪を蓄えた冬場に14kgに達する個体もいる。鋭くとがった鼻づら、大きな三角形の耳。金色から黄色の眼は、ネコ科の動物と同じように縦に裂けた瞳をもつ。待ち伏せで獲物を捕る動物の特徴だ。明るいところでは針のように細くなる。その素早さからネコのようなイヌ科とも形容される。優れた知能と身体能力をもっていて、高さ2mのフェンスを飛び越し、時速50㎞のスピードで走り、木登りも泳ぎも巧みだ。単独で縄張りをもち、冬のみペアになるなど、山の賢者のようなシンプルな生活を送ると考えられてきたが、繁殖をしないヘルパーや複雑な家族群の存在などが明らかにされ、もっと高度な社会構造をもつ可能性もあるという

撮影地｜ノルウェー　撮影者｜Malcolm Schuyl

そろそろ恋の季節

冬毛のアカギツネが北欧の雪解けの季節にひとりたたずんでいる。アカギツネにとって南方となる日本産の求愛の季節は、12月から2月。2カ月ほど遅れる北方でも、そろそろ恋の季節がはじまる。妊娠期間は49～56日、ふつう51～52日で4～5頭ほどの子どもが生まれる。多いときは13頭ほどだ。1カ月ほど地下の巣穴で母親と過ごすと、子どもたちは巣穴の前で遊びはじめる。メスが子育てするあいだ、オスは食べ物を運ぶ。10週もすると完全に乳離れし、性成熟には10カ月ほどかかる。親は厳しく追い立てて子別れするが、親の縄張りの近くに留まる子もいるという

撮影地｜エストニア　撮影者｜Sven Zacek

上 | 垂直飛び！真上から獲物を襲う

野ネズミだろうか、雪の中で小型哺乳類がかすかな音を立てている。鋭い聴覚をもつアカギツネがそれを聞き逃すことはない。真上に高く、逆U字型にジャンプ。積もった雪の中に頭から突っ込んで、体重を使って上から一気に獲物を押さえつけ、捕食する。このジャンプ姿から分かるように、アカギツネの一番の特徴は、耳の裏が黒いこと。これさえ覚えておけば他のキツネと区別できる。足先や尾が黒くて、尾の先が薄いのも特徴だが、地域や個体によって異なる場合があるので注意が必要だ。たとえば、日本のホンドキツネの足先は黒くない

撮影地 | ノルウェー　撮影者 | Jasper Doest

下 | 天敵との戦い

アカギツネはそれぞれ自分だけの行動圏をもっている。決まったルートを通って、境界には尿や糞などできちんとマーキングする。その範囲は広く、50平方kmに及ぶこともある。特に冬は獲物を探して歩きまわり、なにもなければ、死んだ動物の肉もごちそうである。縄張りの中だから強敵と戦わなければならないのか。それとも猛禽類が子ギツネをつけねらう天敵だからか。獲物の少ない冬、無謀にもイヌワシが見つけた死骸を果敢に奪おうとしている

撮影地 | ブルガリア（シニテカマニ国立公園）　撮影者 | Stefan Huwiler

赤くないアカギツネたち

上｜ アカギツネの毛色は、その名のとおり赤褐色で、赤から金色までの赤系に茶・黒・白の色が入り混じって色相を形づくっている。アカギツネにはこの赤型以外に3つの毛色タイプがある。その一つが写真上の銀型でギンギツネ、その下の黒い子どもが黒型でクロギツネと呼ばれる。黒型は全身が黒。銀型は、黒色に銀白色の毛がまだら状に混ざっていて、銀白色の割合によって変異に富む。色相は、親子・兄弟、地方によっても現れる頻度が異なる。銀型と黒型はカナダなどに多い

撮影地｜上：カナダ（プリンスエドワード島）
下：カナダ（マニトバ州チャーチル近郊）
撮影者｜Dennis Fast

右｜ もう一つの色相が写真の十字型のアカギツネで、全体はくすんだ褐色、肩と背中の中央下側に黒い縞が現れる。十字架模様を作るためジュウジギツネと呼ばれる。ただし、毛皮にしたときに分かる模様である。カナダの記録では、色相の現れる頻度は、アカギツネ46～77%、ギンギツネ2～17%、ジュウジギツネ20～44%だという

撮影地｜米国（アラスカ州）　撮影者｜Michael Quinton

アカギツネは、陸上のあらゆる野生動物の中で最も広い分布域を持つ。砂漠、深い森林、極寒のツンドラ、標高４５００ｍの高地、人間の住む町まで、どんな環境にも適応する。それゆえに広く知られる存在であり、一般に「キツネ」といえばこのアカギツネのことを指すと言っていい。

どこでも生きられるだけあって、ノネズミ、ノウサギといった哺乳類、その死肉、植物、生ゴミまで何でも食べ、また、とても賢いことでも知られている。獲物を捕る際には、待ち伏せたり、高いところから飛び降りたり、さらには、茂みの中にいる獲物の微かな音を聴きつけて地面から１ｍほどジャンプして上から飛び乗って捕獲することも。身体能力も高い上、視覚、聴覚、嗅覚といった各感覚もとても鋭敏なのである。

そして何よりもすごいのは、獲物の気を引くため油断させるためか、苦しそうなまねをしたり、自分の尾を追いかけてぐるぐる回ったりして、相手がその様子に気を取られているうちに少しずつ近づいて、ぱっと捕まえるということまでできることだ。この習性は「チャーミング」と呼ばれる。

また卵を食べるときは、人間が両手で持つかのように、前脚でおさえて、犬歯で殻に穴をあけて中をなめるし、食べ残した獲物を穴に隠すこともする。

飼いならされた複数のキツネを用いた実験によれば、自身で埋めたネズミはしばらく時間が経っても高確率で見つけて掘り出すことに成功する一方、他の個体が埋めたものはあまり発見できなかったことなどから、キツネは嗅覚ではなく、埋めた場所を正確に記憶する力を持っているのだと考えられている。

そのように知能が高く、かつ古来よりあらゆる場所で人間とも接触があるため、アカギツネは世界の様々な物語にも登場するが、ニワトリなどの家畜を襲うことからであろう、狡猾な悪役として描かれることが多い。

日本でも多くの物語に登場し、「化かす」といった表現で見られるように、たいていずる賢く、いたずらや悪さをする存在として描かれる。

その一方、黄金色の体毛が豊作を連想させ、かつ農家にとって厄介なネズミを食べてくれるために農業の守り神として崇められる存在でもあった。全国の稲荷神社にキツネが祀られているのはそのためである。

オーストラリアでは、スポーツとしてキツネ狩りを行うために19世紀に人為的にアカギツネが移入されたが、その後野生化する個体が増え、在来種の動物を減少させるという問題に発展した。それゆえにアカギツネの大規模な駆除計画が実行されるようになった。

キツネにとってみれば、人間も狡猾で厄介な存在に違いない。

DATA

和名	アカギツネ
英名	Red Fox
学名	*Vulpes vulpes*
保全	IUCNレッドリスト―軽度懸念（LC）
体重	2.2～14kg
頭胴長	45.5～90㎝
肩高	35～50㎝
尾長	30～55.5㎝

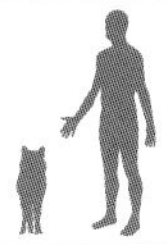

アカギツネの分布

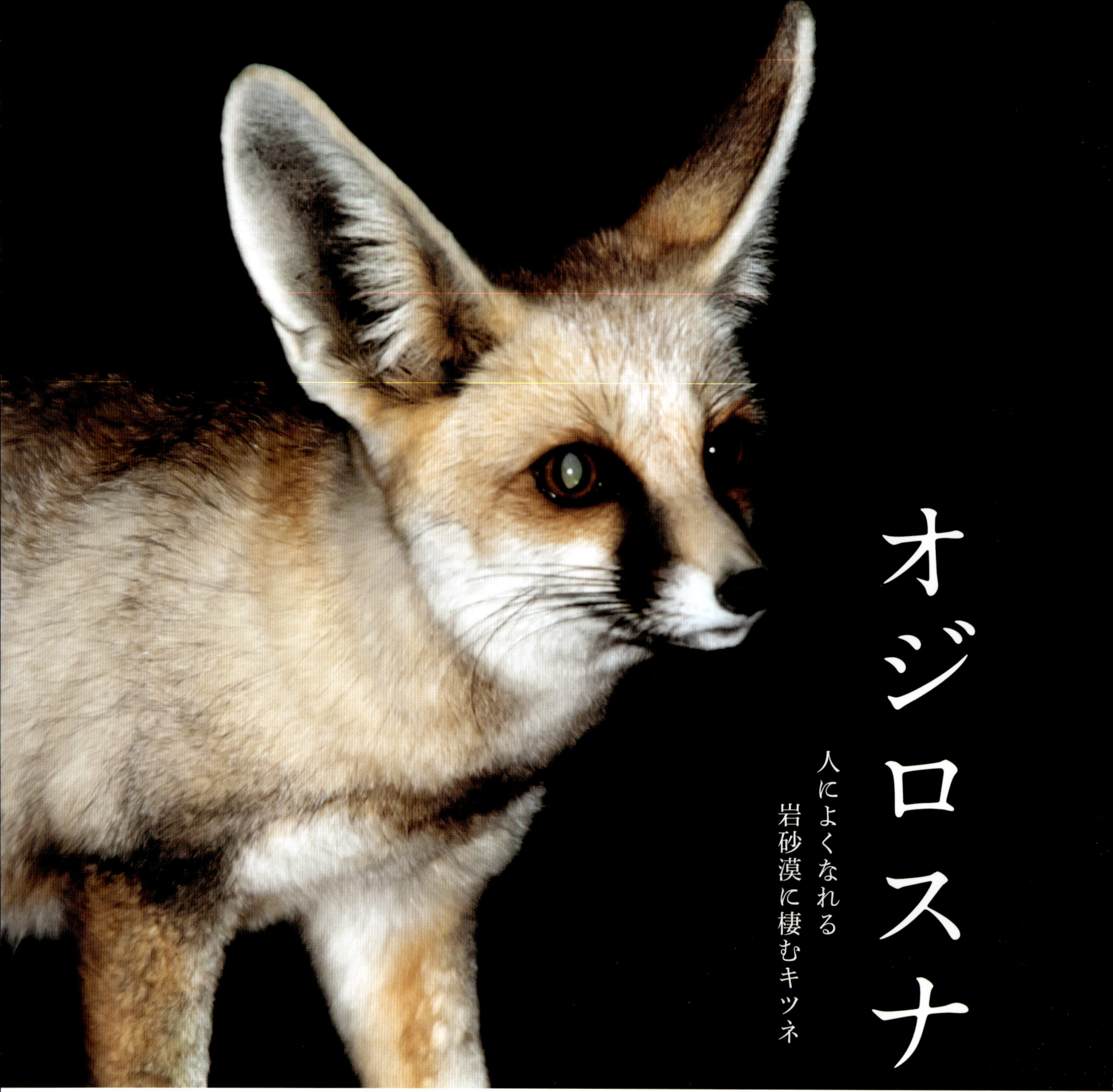

オジロスナギツネ

人によくなれる岩砂漠に棲むキツネ

アフリカ大陸北部、アラビア半島、そしてイランに至るまで広く分布するキツネである。フェネックギツネとは分布が重なる地域がある上、外見の特徴も似ているため、一見すると間違えそうだが、オジロスナギツネの方が一回り大きく、かつ、名前の通り尾の先端が白いので区別できる。

石や岩の多い砂漠に生息するため、大きな耳や、毛で覆われた足裏といった特徴は他の乾燥地帯のキツネと同様である。だが、オジロスナギツネはとりわけ厳しく乾燥した環境にも適応し、身体の色も、砂や岩の中に溶け込みやすい砂色か銀灰色となっている。それは、もともと同様の地域に生息したアカギツネとの競争によって他の地域へと押し出され、より厳しい環境へ適応することを余儀なくされたためとも言われている。

また、体臭はないが、肛門の腺から分泌する匂いによって仲間同士で挨拶を交わす。雌はその匂いによって子を産む巣穴にマーキングする。

飼育下では人間にとてもよく慣れることも知られている。いろいろな遊びを行うし、イエイヌのように尻尾を振ることもある。

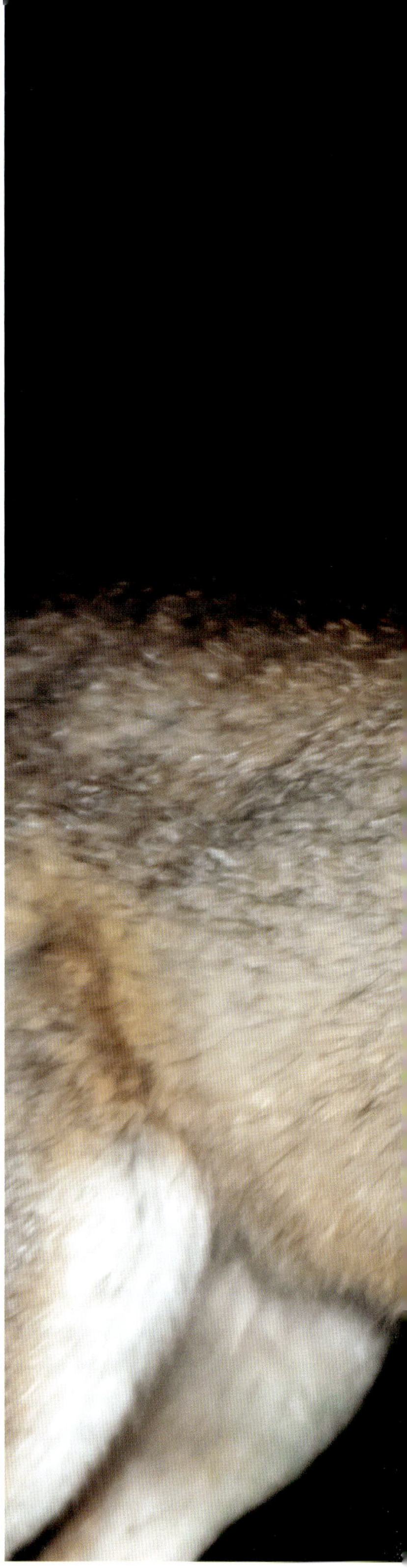

左 | 尾の先が白いからオジロ

ふさふさした長い尾をもち、その名のとおり、尾先の白が目立つ。背の中央から尾の上面にかけては黒っぽい。聴覚が発達していて、100m以上離れたところの物音を察知する。夜行性で行動範囲は70平方kmに及ぶこともある。雑食性だが、主食は、その地域で入手できる餌によって異なり、小型哺乳類だったり、昆虫だったりする。トカゲ、ヘビ、鳥、ベリー類、植物の根も食べ、ゴミ捨て場にも出没する。ペアで子育てするが、15頭までの群れも観察されている。交尾の数週間後にメスが出産のための巣穴を準備する。妊娠期間は52～53日でふつう2～3頭の子を3月頃に産む。生後6～8週で離乳。約4カ月で独立し、最大48kmも移動した子どもがいたという。性成熟は1年以内。子どもの頃から飼うと、非常に慣れ、さまざまな遊びを見せるという

撮影地 | イスラエル(アラバ砂漠)

右 | 鼻づらの黒い模様が特徴

フェネックギツネほどではないが、大きな耳が一番の特徴。特に耳の根元が幅広い。フェネックよりも体が大きいので混同することはないが、子どもとフェネックの大人は紛らわしい。フェネックと同じように足の裏に長毛が密生し、温度変化の激しい砂漠の環境に適応している。アカギツネよりもほっそりしていて、足は短い。全身は柔らかい体毛におおわれ、生息地の砂漠にとけこむ。薄い砂色とも銀灰色ともいわれる。写真のようなエジプト産は、淡黄褐色で灰色味が少ないといわれる。目の下の鼻づらの両横に特徴的な黒い模様がある。頬、顎、腹側は白く、耳の裏は淡い赤褐色。頬ひげは比較的長く、黒い

撮影地 | エジプト(リビア砂漠)　撮影者 | Gabriel Rif

オジロスナギツネの分布

DATA

和名	オジロスナギツネ
英名	Ruppell's Fox
学名	*Vulpes rueppellii*
保全	IUCN レッドリスト—軽度懸念(LC)
体重	1.5～4kg
頭胴長	40～52cm
肩高	25～30cm
尾長	25～35cm

耳の根元が幅広くて、先がとがっている。毛皮用に狩猟されるだけに、全身は柔らかい体毛で厚くおおわれている。全体は淡い赤褐色から黄褐色で、上から銀色を帯びたように見える。腹側は黄色がかった白。チベットスナギツネに似ているが、尾の先が黒いことで見分けられる。夜行性だが、昼間も活動している。雑食性でハタネズミなどの小型哺乳類をはじめ、鳥やその卵、カエル、トカゲ、昆虫、果実から死肉も食べる。ネズミ類が多く捕れたときは、貯食する。長期間、水を飲まなくても生活できる

撮影者 | Rod Williams

暖かく美しい毛皮で乱獲されている

コサックギツネ

コサックとは、ロシア南部の草原などに暮らす人々のことである。その名の通りこのキツネも、主にロシアの南方やカザフスタン、モンゴルといった地域のステップ、半砂漠地帯に生息する。

他のキツネ類と異なって体臭が少ないため、18世紀にはロシアでペットとしてよく飼われていた。人間とは少なからずかかわりを持ってきたものの、彼らの自然の中での生態についてはあまりわかっていないという。というのも、その能力もどこか奇妙なのだ。木の少ない環境に暮らしているのに木登りがうまい。その一方、平地にいるのに走るのが不得手で、足の遅いイヌにもつかまってしまう。

また他のキツネ類に比べて社会性が高いことでも知られている。かつては、数頭ずつが暮らす巣穴が、一定の領域内に多数ある様子が報告され、「コサックの都市」と呼ばれていた。しかし、毛皮目的で長年人間に捕獲され続けたため、現在はそうした光景は見られない。1947年には1年間で6万2926枚の毛皮がモンゴルから当時のソビエト連邦に売られたという記録もある。さすがに獲りすぎだろうと、モンゴル、ソ連両国で一時狩猟が禁止となったものの、ソ連が崩壊した後にはその法律がなくなり、また捕獲されるようになっているという。その影響か、地域によっては減少傾向が見られるものの、現在は、絶滅を危ぶむほどの状況ではないとされる。

ステップ（乾燥した草原）や半砂漠に、穴を掘って生活する。巣穴は自分で掘るだけでなく、マーモセットやアナグマ、アカギツネが捨てた巣を再利用することも多い。モンゴルの巣穴では、64%がマーモセットの古巣を利用していたという。1～3月に交尾し、妊娠期間は50～60日。2～6頭の子を産むが、11頭を産んだ例もあり、2頭のメスが同じ巣穴で出産することもあるという。子どもは、ふつう秋頃までには独立するが、翌春まで親元に留まることもある

撮影者｜Rod Williams

コサックギツネの分布

DATA

和名	コサックギツネ
英名	Corsac Fox
学名	*Vulpes corsac*
保全	IUCN レッドリスト―軽度懸念（LC）
体重	2.5～5kg
頭胴長	50～60㎝
肩高	30㎝
尾長	25～35㎝

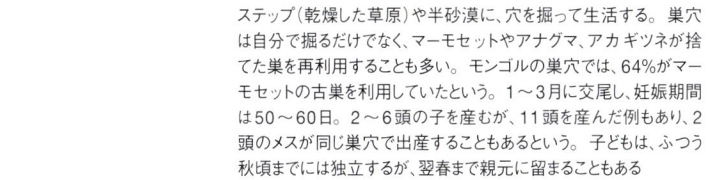

用心深く54の巣穴を持つ

標高4550mの石だらけの荒れ地を歩くチベットスナギツネ。頭胴長が70㎝にも達する大型のキツネで、このような石だらけの地で、岩の下やすき間などに巣穴をつくる。用心深く、出入口は最大12個も設ける。夏に54の巣穴を利用した例もあるという。小さい三角の耳はとがり、頭の幅に比べて、鼻づらが細くて長い、独特の表情だ。犬歯が非常に長く、2.5㎝もある。口を閉じても外に出てしまう。全身はやや短い体毛でおおわれ、足裏にも長毛が生えている。体色は黄褐色で、側面や太もも、尾の大部分は銀灰色。コサックギツネに似るが、短いふさふさした尾の先が白いので、区別することができる。チベットなどでは毛皮を帽子などに利用することもあるが、毛並みが粗いため商品価値は低いという。そのためコサックギツネのように一般的な狩猟の対象にはなっていないようだ

撮影地｜中国（チベット高原）
撮影者｜Alain Dragesco-Joffe

チベットスナギツネ

3000m超の高山に棲む ナゾのヘン顔ギツネ

チベットやネパールの標高3000m以上の高地でのみ生息しているキツネである。

立ち入るのが簡単ではない土地に生息することもあり、その生態については今でもあまり知られていないが、2006年にイギリスのBBCが撮影した映像が広まると、表情が可愛い、面白いと注目を集めた。えらの張った四角い顔に加えて、細長い2本の直線のような目が、悟りに達した僧侶のような雰囲気を醸し出し、確かに印象的である。

耳が小さいのは、暑いところにすむキツネたちと逆で、寒さの中で熱を逃がしにくいための環境適応だと考えられる。足裏にまで長い毛が生えているのも寒さをしのぐためであろう。

主にげっ歯類やウサギ類を食すが、先述の映像では、一番の好物らしいナキウサギを捕獲する様子が捉えられている。その中では、クマと一緒に狩りをしている、というよりも、クマの力を利用している様子が見られた。ナキウサギは、地面に掘った巣穴にいるが、地面は夏でも凍っていて硬いためクマの力でなければ掘り出すことができない。そこでチベットスナギツネは、クマがナキウサギを見つけて巣穴を掘るのをそばで眺める。そして、ナキウサギが驚いて穴の別の出入り口から顔を出すのを待ち伏せて捕まえるのだ。その際も、悟り切ったような表情はそのままである。

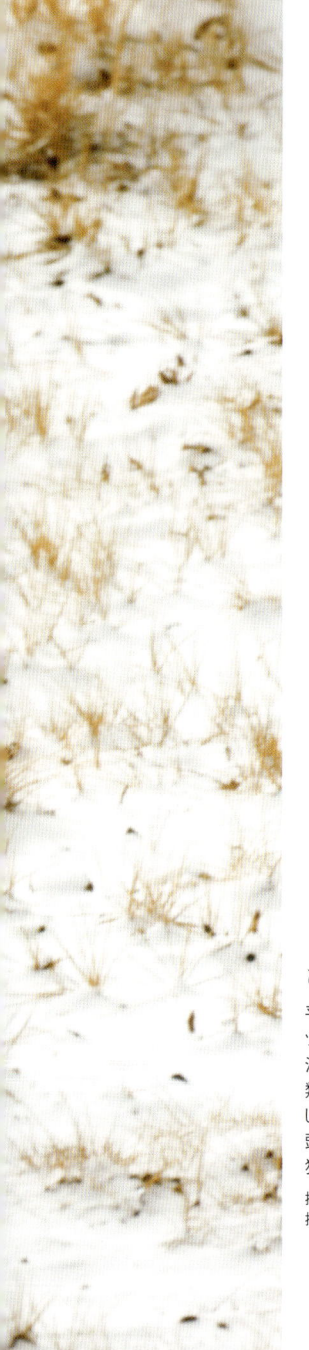

ひとり暮らしは嫌い

平均標高4600mに達する自然保護区ココシリ。チベットスナギツネがひとり白い枯れ野を歩いている。単独性ではなく、ペアで生活し、一緒に狩りもする。雑食性だが、ナキウサギなどの小型哺乳類が主食で、鳥、トカゲ、果実、死骸なども食べる。2月下旬に交尾し、妊娠期間は50〜60日。4月下旬から5月上旬にかけて、2〜4頭の子を産む。子どもは生後8〜10カ月ほど両親と生活してから独立する

撮影地｜中国（青海省玉樹チベット族自治州ココシリ［可可西里］）
撮影者｜XI ZHINONG

チベットスナギツネの分布

DATA

和名	チベットスナギツネ
英名	Tibetan Sand Fox
学名	*Vulpes ferrilata*
保全	IUCNレッドリスト―軽度懸念（LC）
体重	4～6kg
頭胴長	57.5～70㎝
肩高	30㎝
尾長	30～47.5㎝

ベンガルギツネ

子どもがとても愛らしいインドのキツネ

多くの野生動物が保護されている小カッチ湿地は、塩分を含んだ大湿地が広がる。人に対する警戒心がないからだろうか。動物保護区にある巣穴のそばで、ベンガルギツネの子どもたちが楽しそうに遊ぶ姿がクローズアップされている。地域によって若干の差はあるものの、繁殖期は冬から春。11月頃ペアになり、12月から1月にかけて交尾する。妊娠期間は50～53日。2月から4月にかけて4頭ほどの子を産む。子育てはペアで行い、オスが生後2～4カ月の子どもと遊ぶ姿が観察された記録が残っている。ヘルパーと呼ばれる繁殖をしないメスが手伝うこともあるという。子どもたちは巣穴から出てきて、生後約3～4カ月で完全離乳して、4～5カ月で独立する

撮影地｜インド（グジャラート州 小カッチ湿地）　撮影者｜Sandesh Kadur

インド、ネパール、パキスタンを含むインド亜大陸全体に広く分布する。標高1500mあたりまでの低地を好み、特に草原や半砂漠など、乾燥した土地を中心に生息する。

雑食性で昆虫や小型哺乳類、鳥類、植物などを幅広く食べること、巣穴を掘って暮らし、そこで子どもを育てること、などは他の多くのキツネと共通する。

ベンガルギツネに特徴的なのは、様々な音声を発することだ。クーンと哀れっぽく鳴いたり、ウーッと唸ったりもすれば、警戒するとキャッ、キャッと鳴き、人間にはキャン、キャンと吠えるともいう。自分の縄張りを主張するためにおしゃべりするような声も出す。また特に繁殖期には、早朝や夜にオスがよく声を発する様子が観察されている。

さらに、人間との関係においては、その毛皮が求められることは少ない一方、爪、尾、歯といった部位が現地で医薬品や装飾品として使われるために狩猟の対象となってきたという点も特徴的と言えるかもしれない。どこかインド的とも言えようか。

また、農地開発などによって生息地を奪われ個体数が減少した地域もあり、人間の影響を少なからず受けているが、人間に対しての警戒心が強くないことでも知られている。人間に対して危害を加えたという例もこれまで報告されていないという。

インドの固有種

乾燥した草原を走るベンガルギツネ。インド亜大陸だけにすむ固有種である。1月なのでペアになってもおかしくない時期だ。ベンガルギツネは深い森林や山地は好まず、写真のような開けた土地や木がまばらな雑木林などに生息する。夜に狩りをするが、明け方や日中にもしばしば出歩く。単独性でペアも永続的ではないという。巣穴は自分で掘り、1～6カ所の出入口があり、長さ1.2～1.8mのトンネルが巣室につながる構成で、数年にわたって利用して、拡張もする

撮影地｜インド(北インド)　撮影者｜Harri Taavetti

ベンガルギツネの分布

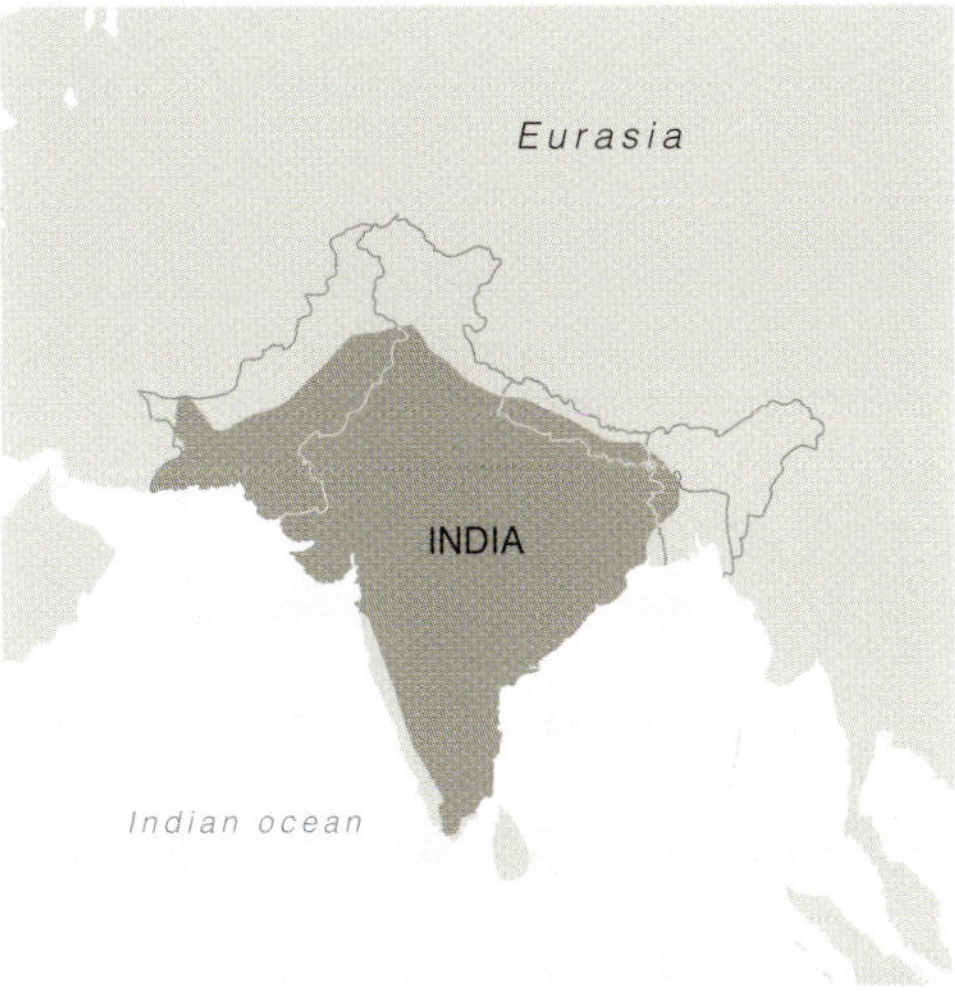

DATA

和名	ベンガルギツネ
英名	Bengal Fox
学名	*Vulpes bengalensis*
保全	IUCN レッドリスト—軽度懸念(LC)
体重	オス2.7～3.2kg メス1.8kg以下
頭胴長	45～60cm
肩高	26～28cm
尾長	25～35cm

オグロスナギツネ

サハラの荒れ地に棲む未知のキツネ

湿り気のあるところが好き

夜行性の雑食で、小型のげっ歯類、小型哺乳類をはじめ地上に営巣する鳥とその卵、は虫類、昆虫、果実のような植物質を食べる。オジロスナギツネが好むような、乾燥しきった砂漠や岩砂漠にはすまない。わずかに湿り気のある、森林に移行する段階のサバンナなどを好んで生息地とする。ブランフォードギツネに似て耳が大きく、鼻づらが短いが、体毛が短くて薄いので区別できる。名前のように長い尾の先が黒い。体色は、かすかに赤褐色が混じった淡い黄褐色で、ケープギツネとは背中が黒っぽくないことで見分けられる。眼の周囲や口唇にかけて黒い模様が入る。大きな土穴を掘って家族と暮らす。妊娠期間は51〜53日で3〜6頭の子を産む。体重50〜100gほどで生まれ、飼育下では14週で1.12〜1.35kgになったという。授乳期間は6〜8週間。生後1年ほどで性成熟すると考えられている。スーダンでは肉が喘息の薬になると信じられているため食用にされる

撮影者 | Michael Lorentz

オグロスナギツネは、アフリカ大陸北部、サハラ砂漠周辺の岩のない荒れ地にすむ。あらゆるキツネの中でも最もその生態や生活史が知られていない種の1つである。

小柄で、耳が大きく尾が長い姿は、一見オジロスナギツネとよく似ているが、名前の通り、尾の先端が黒いところが異なっている。

オグロスナギツネの生態として知られていることのうち特徴的な点の1つは、長く大きな土穴を掘って暮らしていることである。土穴の長さは15mにも達する場合があり、その奥に、乾いた草などを敷いて巣としている。その中に家族のような群れで暮らしていると考えられているが、ある地区では、そうした土穴が30以上も集まっているのが見つかっている。複数の家族が集まって1つのコロニーのようなものを作って一緒に生活しているのかもしれない。

また、雑食性で、小型のネズミの仲間や爬虫類、鳥や昆虫、植物類を食べることがわかっていて、家禽も襲うことがあるという。

オグロスナギツネについて知られているのはそのくらいである。

サハラ砂漠はアフリカ大陸北部を広く覆う。その西端から東端に至るまでの広大な範囲に分布しているにもかかわらず情報が少ないのは、やはり穴の奥深くに潜っているからなのであろうか。

オグロスナギツネの分布

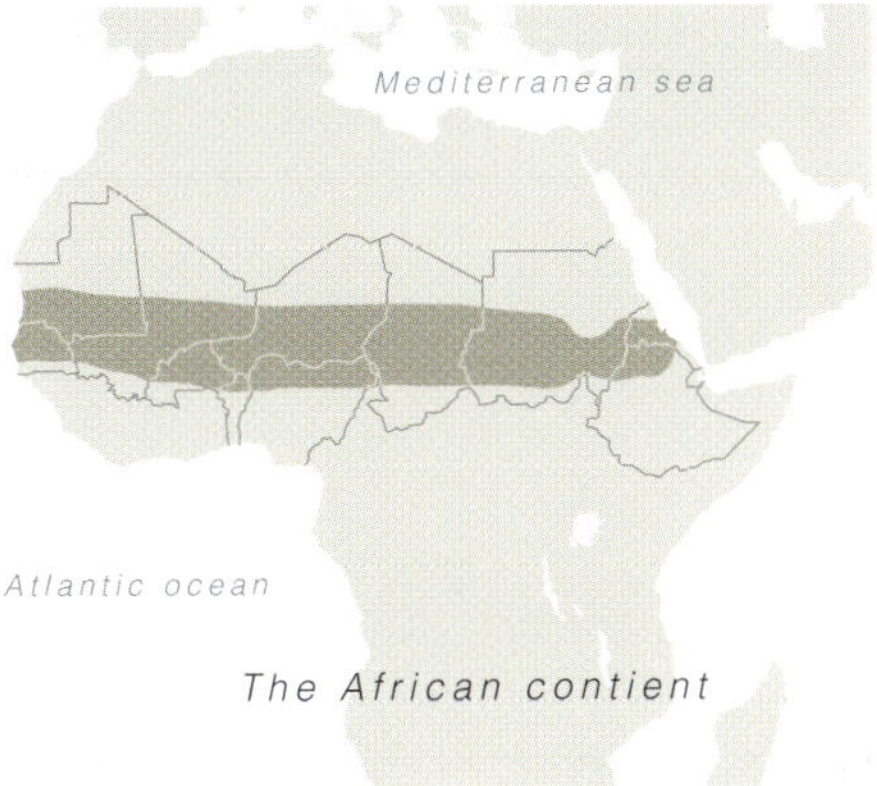

DATA

和名	オグロスナギツネ
英名	Pale Fox
学名	*Vulpes pallida*
保全	IUCN レッドリスト — 軽度懸念（LC）
体重	1.5～3.6kg
頭胴長	40～47㎝
肩高	25㎝
尾長	25～35㎝

スウィフトギツネ

北アメリカ中西部の
草原に仲良く暮らす

優雅な姿で優雅に歩く

まだペアになっていないのか。大草原をひとり歩いている。広く離れた耳、瞳孔はやや丸みを帯び、優雅な姿が特徴だ。灰色がかった赤い毛で、冬毛は長く少し暗い色に変わる。ふさふさした尾の先が黒く、鼻づらの両脇に黒い模様が入るのが特徴だ。北米の中西部にすむスウィフトギツネは、写真のような草丈の低い草原を好む。足が速く、時速50kmで走れ、最高時速は60kmとか。基本的には夜行性だが、冬期にはしばしば巣穴の近くで日光浴している姿が目撃される。丈の低い草原には隠れるところがないので、巣穴は重要である。大雨が降っても浸水しないよう、やや高いところに作り、同じ巣穴を一年中使う。深さ約1m、長さ約4mのトンネルを掘り、その先が部屋になっている

撮影地｜米国（アイダホ州ブレイン郡
クレーター・オブ・ザ・ムーン国定公園）

アメリカ合衆国中部に分布するこのキツネは、かつて、キットギツネ（１７６ページ）と同種ではないかとも言われていた。生息域も重なるし、交雑もする。確かに写真を見比べると、姿形はよく似ていて違いはなかなかわかりづらい。ただ、毛の色が若干違う。スウィフトギツネの背側は少し灰色がかり、腹側はオレンジ色に近い。

スウィフトギツネは、主に丈の短い草の生えた草原に巣穴を作って暮らしている。巣穴は自分で掘ることもあれば、他の動物の穴を利用することもある。

日中は巣穴で過ごし、夜に狩りなどの活動を行う。小型の哺乳類や昆虫、植物まで、手に入るものは基本的に何でも食べる。ただし彼らは、巣穴を比較的人間の活動域の近くに作る傾向があるため、大いに人間の影響を受けてきた。

19世紀から20世紀中頃にかけては、人間による狩猟や駆除、開発による生息域の破壊によって大幅に数を減らし、分布域も狭まった。罠に簡単にひっかかったり車に轢かれたり、コヨーテやオオカミを駆除するための毒で死んでしまったりといった残念な展開も多かったようだ。

しかし20世紀後半になって、徐々に回復を遂げたという。人間の意識が変わったとともに、彼ら自身も、絶滅の危機から逃れるために、賢くなっていったのかもしれない。

ご挨拶ポーズでじゃれ合う

巣穴から出た4頭の子どもたちがご挨拶のポーズでじゃれ合っている。南部での繁殖は12月から2月にかけて交尾し、3月から4月初旬に子どもが生まれる。カナダなど北部では少し遅く、生まれるのは5月中旬頃。母親の妊娠期間は50～60日、ふつう約51日で、1～6頭、ふつう4、5頭の子を産む。眼や耳は10～15日ほどで開き、子どもは1カ月ほど巣の中にいる。離乳は6～7週目、2カ月ほどで親と同じ毛色になり、生後4、5カ月もすると同じ大きさになる。秋頃まで親と一緒に暮らし、オスは1年で性成熟する。メスの繁殖は2年目からである

撮影地 | 米国(ワイオミング州)　撮影者 | Shattil & Rozinski

スウィフトギツネの分布

DATA

和名	スウィフトギツネ
英名	Swift Fox
学名	*Vulpes velox*
保全	IUCN レッドリスト─軽度懸念(LC)
体重	1.6～3kg
頭胴長	38～53㎝
肩高	30～32㎝
尾長	22.5～28㎝

最も原始的なイヌ科のキツネには
お猿さんのような
木登り上手もいる

木のうえを、しゅっしゅっと
リスのようにはしる
木から木へ、しゅたっしゅたっと
ましらのようにとぶ
木のうえでくらした
ミアキスの時の
なにかをしらない

ネの仲間たち

巨大なライブオーク(ナラの一種)の幹からこちらをそっとのぞくハイイロギツネ。キノボリギツネという名で知られているとおり木登りがうまい。傾いた幹をかけあがるだけでなく、直立した木にも登れる。高さ18mもある木に登れ、コヨーテなどの捕食者もそこまでは追ってこられない。後ろ足の爪を引っかけ、前足で木の幹を抱え込み、体を押し上げるようにして登る。降りるときは、頭を上にして後ずさりする。冬から春に交尾して、春から夏に3〜7頭の子を産む。オスはメスと子どもに食べ物を運んでくる。子どもは、生後4週で巣穴から出て、親と一緒に木に登るようになり、5カ月ほどすると独立する。子どもの頃から飼うと、アカギツネなどとちがって、イヌのようによく慣れるという

撮影地｜米国(テキサス州コーパスクリスティ湖ティネロ)
撮影者｜Rolf Nussbaumer

Part 6 —— Gray & Island Fox Clade

ハイイロギツ

アカギツネに似るが、鼻づらが細く短く、耳は小さい。足が短いのは、木登りに有利とされる。下あごの形はタヌキに似る。全体にまだら状の銀灰色で、まだらに見えるのは、1本1本の毛に、白、灰色、黒の部分があるため。首や脇腹、足、尾の下面は赤っぽく、あご先と腹は白か淡黄褐色。濃灰色の小さなタテガミがあり、尾の上面と先は黒

撮影地｜米国（ミネソタ州）
撮影者｜Paul Sawer

ハイイロギツネ

　北アメリカ南部から南アメリカ北部にかけて生息するこのキツネは、木登りがうまく、別名「キノボリギツネ」とも呼ばれる。オオカミやコヨーテといった天敵から逃げるときには素早く木に登り身を隠す。枝から枝へとジャンプして巧みに飛び移ることもある。

　こうした能力はタヌキに近く、イヌ科の動物の中ではタヌキに次いで原始的な動物とも言われる。タヌキ（１６６ページ）にも書いた通り、イヌ科の動物の多くは、森林から平原へと生活の場所を移動させるとともに木に登るという能力を失っていったが、ハイイロギツネはその中で、独自の進化を遂げてきたことをうかがわせる。

　とはいえハイイロギツネは、森林に留まり続けてきたわけではない。その生活圏は、森林から低木の茂み、山腹、牧草地、開けた乾燥地帯、都市の郊外にまでおよび、様々な環境に適応する。食性も幅広く、ネズミやリス、昆虫、鳥などを捕獲したり、木に登って果実を取ったりする。

　夜行性で、巧みに人間の目を避けて行動するが、罠にはよくかかってしまうという。

　ハイイロギツネの毛皮は特に貴重というわけではないものの、広く需要があるために、よく狙われるのである。結局このキツネも、最大の天敵は人間ということになろう。

ハイイロギツネの分布

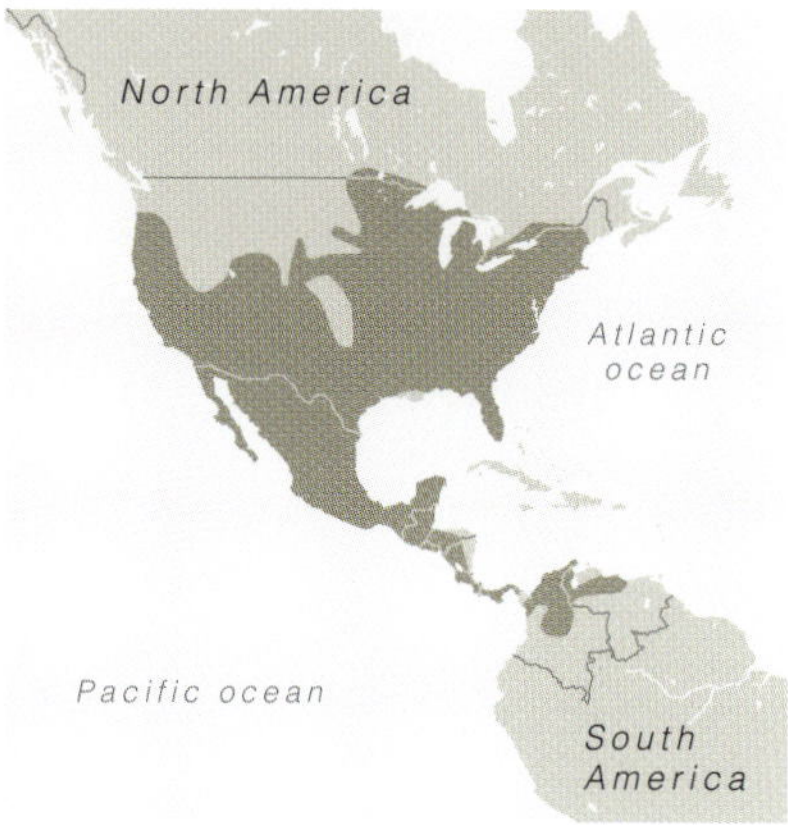

DATA

和名	ハイイロギツネ
英名	Gray Fox ／ Tree Fox
学名	*Urocyon cinereoargenteus*
保全	IUCNレッドリスト —軽度懸念（LC）
体重	2.5〜7kg
頭胴長	48〜73㎝
尾長	27〜44㎝

アメリカ・カリフォルニア州沿岸付近のチャンネル諸島の6つの島にだけ生息するのがこのシマハイイロギツネだ。ハイイロギツネの近縁でよく似ているが、平均して身体が2割ほど小柄である。島の気候は温暖で、大型化して体温を維持する必要性がない上、食料の獲得が困難な隔離された環境では、身体が小さい方がエネルギー消費も少なくすむためだ。

シマハイイロギツネは、後期更新世（12600年前～11700年前）、まだこの島々が大陸から移動可能だった時代に大陸からやってきたと考えられている。また、南側の島々へは1万年ほど前にアメリカの先住民族が連れてきたとも言われている。

6つの島の、島ごとの生息密度は大きく異なる。最も密度が高いサンタクルス島では1平方キロメートル辺り7.9頭で、最も密度が低いサンタカテリーナ島では0.3頭。生息密度はその場所の環境と食料の得やすさに左右されるが、サンタカテリーナ島は、生息条件が特に悪いわけではないのに極端に生息密度が低く、その理由はわかっていない。

1990年代には個体数が減少したが、原因は、島へのイヌワシの侵入や野生ブタの導入であるとされる。島に寄生虫が入ってきたことでも個体数は減った。

元々は大陸のハイイロギツネと同じキツネだったはずだが、島での生活がその生涯を大きく変化させたようだ。

シマハイイロギツネ

ハイイロギツネにそっくりだが、2割ほど小さく、尾が短い。何でもよく食べるが、昆虫が多い。日中から夜間にかけて活動し、真夜中から朝方にかけて休むことが多い。1月から3月中旬の間に交尾し、4月末から5月上旬に平均2.17頭の子を産む（最大5頭）。妊娠期間はおよそ50～53日。子どもたちは秋（10月頃）には独立する

撮影地 | 米国（カリフォルニア州）
撮影者 | Chien Lee

シマハイイロギツネの分布

DATA

和名	シマハイイロギツネ
英名	Island Gray Fox ／ Island Fox
学名	*Urocyon littoralis*
保全	IUCNレッドリスト ―準絶滅危惧（NT）
体重	2.1～2.8kg
頭胴長	48～50㎝
尾長	11～29㎝

参考文献

- 今泉忠明『野生イヌの百科』(データハウス、2014年)
- D.W.マクドナルド編、今泉吉典 監修『動物大百科1食肉類』(平凡社、1986年)
- 『動物大百科11ペット(コンパニオン動物)』(平凡社、1986年)
- 今泉吉典 監修『世界の動物|分類と飼育2食肉目』(東京動物園協会、1991年)
- エリック・ツィーメン『オオカミ その行動・生態・神話』今泉みね子 訳(白水社、1995年)
- Jennifer W. Sheldon『WILD DOGS The Natural History of the Nondomestic Canidae』(THE BLACKBURN PRESS、1992年)
- L. David Mech and Luigi Boitani編『Wolves Behavior,Ecology,and Conservation』(The University of Chicago Press、2007年)
- Jim Brandenburg『White Wolf:Living With an Arctic Legend』(Northword Press、1990年)
- ジム・ブランデンバーグ『白いオオカミ 北極の伝説に生きる』中村健・大沢郁枝 訳(JICC出版局、1992年)
- ジム・ブランデンバーグ『ブラザー・ウルフ—われらが兄弟、オオカミ』今泉忠明 監訳(講談社、1995年)
- L. David Mech『the ARCTIC Wolf:Ten Years with the Pack』(Swan Hill Press、1997年)
- L. David Mech『Wolves of the High Arctic』(Voyageur Press、1992年)
- L. David Mech『The Wolf: The Ecology and Behavior of an Endangered Species』(University of Minnesota Press、1981年)
- Claudio Sillero-Zubiri,Michael Hoffmann and David W. Macdonald編『Canids: Foxes, Wolves, Jackals And Dogs: Status Survey And Conservation Action Plan』(IUCN:The World Conservation Union、2004年)
- L. David Mech ほか『Wolves on the Hunt』(The University of Chicago Press、2015年)
- Robert H. Busch『The Wolf Almanac: A Celebration of Wolves and Their World』(Lyons Press、2007年)
- Marco Musiani、Luigi Boitani 編『The World of Wolves: New Perspectives on Ecology, Behaviour, and Management』(University of Calgary Press、2010年)
- ギャリー・マーヴィン『オオカミ 迫害から復権へ』南部成美 訳(白水社、2014年)
- A. ムーリー『マッキンレー山のオオカミ』奥崎政美 訳(思索社、1975年)
- E. ツィーメン『オオカミとイヌ』今西錦司 監修(思索社、1977年)
- 菊水健史ほか『日本の犬』(東京大学出版会、2015年)
- アダム・ミクロシ『イヌの動物行動学』藪田慎司 監訳(東海大学出版部、2014年)
- ブレット・L.ウォーカー『絶滅した日本のオオカミ』浜健二 訳(北海道大学出版会、2009年)
- ジム&ジェイミー・ダッチャー『オオカミたちの隠された生活』(エクスナレッジ、2014年)
- ギュンター・ブロッホ『30年にわたる観察で明らかにされたオオカミたちの本当の生活』今泉忠明 監修、喜多直子 訳(エクスナレッジ、2017年)
- 平岩米吉『狼—その生態と歴史—』(築地書館、1992年)
- ハンク・フィッシャー『ウルフ・ウォーズ』朝倉裕・南部成美 訳(白水社、2015年)
- バリー・ホルスタン・ロペス『オオカミと人間』中村妙子・岩原明子 訳(草思社、1984年)
- ヴェルナー・フロイント『オオカミと生きる』日高敏隆 監修・今泉みね子 訳(白水社、1991年)
- ファーリー・モウェット『狼が語る ネバー・クライ・ウルフ』小林正佳 訳(築地書館、2014年)
- ショーン・エリス+ペニー・ジューノ『狼の群れと暮らした男』小牟田康彦 訳(築地書館、2012年)
- 桑原康生『オオカミの謎』(誠文堂新光社、2014年)
- 朝倉裕『オオカミと森の教科書』(雷鳥社、2014年)
- パット・シップマン『ヒトとイヌがネアンデルタール人を絶滅させた』河合信和 監訳(原書房、2015年)
- 姜戎(ジャンロン)『神なるオオカミ』唐亜明・関野喜久子 訳(講談社、2007年)
- 『NATIONAL GEOGRAPHIC日本版2006年4月号』110～121頁バージニア・モレル「アフリカ最後のオオカミ エチオピアに残る600頭の危機」(日経ナショナルジオグラフィック社)
- 『NATIONAL GEOGRAPHIC日本版2012年2月号』28～45頁エヴァン・ラトリフ「十犬十色 犬の遺伝子を科学する」(日経ナショナルジオグラフィック社)
- 『NATIONAL GEOGRAPHIC日本版2015年10月号』126～141頁スーザン・マグラス「海辺のオオカミ」(日経ナショナルジオグラフィック社)
- 『日経サイエンス2015年11月号』98～106頁V.モレル「オオカミからイヌへ」
- 今泉忠明 監修『講談社 動物図鑑4哺乳動物1』(講談社、1997年)
- 『図説 哺乳動物百科』遠藤秀紀 監訳(朝倉書店、2007年)
- ジュリエット・クラットン=ブロック『世界哺乳類図鑑』渡辺健太郎 訳(新樹社、2005年)
- エーベルハルト・トルムラー『犬の行動学』渡辺格(中央公論新社、2001年)
- 平岩米吉『犬の行動と心理』(築地書館、1991年)
- 尾形聡子『よくわかる犬の遺伝学』(誠文堂新光社、2014年)
- デズモンド・モリス『デズモンド・モリスの犬種事典』福山英也ほか監修(誠文堂新光社、2007年)
- 藤田りか子『最新 世界の犬種大図鑑』(誠文堂新光社、2015年)
- ブルース・フォーグル『新犬種大図鑑』福山英也 監修(ペットライフ社、2002年)
- 岩合光昭『ニッポンの犬』(平凡社、1998年)
- ネイチャー・プロ編集室『進化がわかる動物図鑑ライオン・オオカミ・クマ・アザラシ』柴内俊次(ほるぷ出版、1998年)
- ジュリエット・クラットン=ブロック『イヌ科の動物事典』祖谷勝紀 監修(あすなろ書房、2004年)
- 林良博 監修『イラストでみる犬学』(講談社、2000年)
- テンプル・グランディンほか『動物が幸せを感じるとき』(NHK出版、2011年)
- 米田政明ほか監修『世界の動物遺産 世界編・日本編』(集英社、2015年)
- 小原秀雄ほか編『レッド・データ・アニマルズ—動物世界遺産1～8』(講談社、2001年)
- スミソニアン協会、小菅 正夫 監修『驚くべき世界の野生動物生態図鑑』黒輪篤嗣 訳(日東書院本社、2017年)
- デイヴィッド・バーニー 、日高敏隆 編『世界動物大図鑑—ANIMAL DKブックシリーズ』(ネコ・パブリッシング、2004年)
- デイヴィッド バーニー『動物生態大図鑑』西尾香苗 訳(東京書籍、2011年)
- フレッド・クック 監修『地球動物図鑑』山極寿一 日本版監修(新樹社、2006年)
- 今泉吉典 監修『学習科学図鑑 動物』(学研、2006年)
- 飯島正広『日本哺乳類大図鑑』土屋公幸 監修(偕成社、2010年)
- 小宮 輝之『日本の哺乳類:フィールドベスト図鑑』(学研教育出版、2010年)
- 藤田りか子、リネー・ヴィレス『最新 世界の犬種大図鑑』(誠文堂新光社、2015年)
- 川口 敏『哺乳類のかたち』(文一総合出版、2014年)
- 『世界の動物—原色細密生態図鑑〈8〉哺乳動物2』(講談社、1982年)
- 山極寿一 監修『講談社の動く図鑑MOVE 動物 新訂版』(講談社、2015年)
- 三浦慎悟ほか『小学館の図鑑NEO動物』(小学館、2002年)
- 今泉忠明 監修『学研の図鑑LIVE動物』(学研、2014年)
- 『Journal of Zoology(電子版)2017年1月20日』松林順ほか「絶滅種エゾオオカミの食性復元」
- C.T. Darimont,"Foraging behavior by gray wolves on salmon streams in coastal British Columbia"(Can. J. Zool. 81:349～353、2003)
- Shiro Kohshima,"A Comparison of Facial Color Pattern and Gazing Behavior in Canid Species Suggests Gaze Communication in Gray Wolves (*Canis lupus*)",PLOS ONE電子版(June 11, 2014)
- 『North American fauna:No.53』303頁Vernon Bailey「MAMMALS OF NEW MEXICO:MEXICAN WOLF」(1931)
- Warren B. Ballard,"Summer Diet of the Mexican Gray Wolf (*Canis lupus baileyi*)", The Southwestern Naturalist(June 5, 2008)
- James R. Heffelfinger,"Clarifying historical range to aid recovery of the Mexican wolf", (March 21, 2017)
- Lassi Rautiainen,"Fighters",ARTICMEDIA
- 『知床博物館研究報告26:37-46 (2005)』亀山明子ほか「オオカミ(*Canis lupus*)の保護管理及び再導入事例について」
- Marco Apollonio," Il lupo in Provincia di Arezzo"(June 2006)
- Fauna Ibérica: Animales de España y Portugal, Lobo ibérico (*Canis lupus signatus*)
- Vladimir Dinets,"Striped Hyaenas (*Hyaena hyaena*) in Grey Wolf (*Canis lupus*) packs: cooperation, commensalism or singular aberration?",Zoology in the Middle East Volume 62, 2016 - Issue 1
- Reuven Hefner and Eli Geffen,"Group Size and Home Range of the Arabian Wolf (*Canis lupus*) in Southern Israel", Journal of Mammalogy Vol. 80, No. 2 (May, 1999), pp. 611-619
- M. Singh,H. N. Kumara,"Distribution, status and conservation of Indian gray wolf (*Canis lupus pallipes*) in Karnataka, India",Journal of Zoology,Volume270, Issue1 September 2006 Pages 164-169
- Wolf of Tibet,Calcutta journal of natural history, and miscellany of the arts and sciences in India,vol.Ⅶ, Pages 474(1847)
- 『朝日新聞2018年4月1日(日)12版18面』西川迅「科学の扉:日本のオオカミの実像」
- Ronald M. Nowak," Another Look at Wolf Taxonomy"
- E. S. Richardson and D. Andriashek," Wolf (*Canis lupus*) Predation of a Polar Bear (*Ursus maritimus*) Cub on the Sea Ice off Northwestern Banks Island, Northwest Territories, Canada", Arctic Vol. 59, No. 3 (Sep., 2006), pp. 322-324
- Klaus-PeterKoepfli,"Genome-wide Evidence Reveals that African and Eurasian Golden Jackals Are Distinct Species",Current Biology Volume 25, Issue 16, 17 August 2015, Pages 2158-2165
- Philippe Gaubert," Reviving the African Wolf *Canis lupus lupaster* in North and West Africa: A Mitochondrial Lineage Ranging More than 6,000 km Wide",PLOS ONE August 10, 2012
- Beatriz de Mello Beisiegel and Gerald L. Zuercher,"Mammalian Species Number 783 :1-6. 2005", *Speothos venaticus*
- Mauro Lucherini Estela M. Luengos Vidal,"*Lycalopex Gymnocercus* (Carnivora: Canidae)",Mammalian Species, Issue 820, 9 October 2008, Pages 1–9,OXFORD UNIVERSITY PRESS
- 天然記念物秋田犬第134回本部展写真・入賞記録集(秋田犬保存会)
- アーネスト・T・シートン『シートン動物解剖図』(マール社、1997年)

INDEX

監修　**菊水健史**　*Takefumi Kikusui*

麻布大学獣医学部介在動物学研究室教授。1970年鹿児島生まれ。東京大学獣医学科卒。獣医学博士。三共（現第一三共）神経科学研究所研究員、東京大学農学生命科学研究科（動物行動学研究室）助手を経て、2007年4月より麻布大学獣医学部伴侶動物学研究室准教授、2009年10月より同教授。専門は行動神経科学。齧歯類における社会コミュニケーションと生殖機能、母子間とその中枢発達に及ぼす影響に関する研究に従事。主な著書は『犬のココロをよむ―伴侶動物学からわかること』（岩波科学ライブラリ）、『愛と分子』（東京化学同人）など

本文　**近藤雄生**　*Yuki Kondo*

1976年東京生まれ。東京大学大学院工学系研究科修了後、5年半の間、世界各地を旅しつつルポルタージュなどを執筆。2008年秋に帰国以来、京都市在住。著書に『遊牧夫婦』シリーズ3巻（ミシマ社）、『遊牧夫婦　はじまりの日々』（角川文庫）、『旅に出よう』（岩波ジュニア新書）、『わらういきもの』（エクスナレッジ）。『奇界生物図鑑』（エクスナレッジ）のテキストも担当。大谷大学非常勤講師。理系ライター集団「チーム・パスカル」メンバー
www.yukikondo.jp

企画・構成　**澤井聖一**　*Seiichi Sawai*

株式会社エクスナレッジ代表取締役社長、月刊『建築知識』編集兼発行人。生態学術誌*Κυανοσ οικοσ*（キュアノ・オイコス、鹿児島大学海洋生態研究会刊）・生物雑誌の編集者、新聞記者などを経て、建築カルチャー誌『X-Knowledge HOME』、住宅雑誌『MyHOME＋』創刊編集長。書籍「世界の美しい透明な生き物」「世界の美しい飛んでいる鳥」「世界で一番美しいイカとタコの図鑑」「奇界遺産」「世界の夢の本屋さん」などを企画編集。著書に「絶景のペンギン」「絶景のシロクマ」「世界の美しい色の町、愛らしい家」がある。本書では、解説（本文を除く文・図表）、文献リサーチ、各章扉の詩文などを担当

アートディレクション
高木裕次（Dynamite Brothers Syndicate）

デザイン
鈴木麻祐子　山崎真衣　堀内琢児　小島絵璃奈（Dynamite Brothers Syndicate）

地図
長岡伸行

Photo Credit

アマナイメージズ
4,5,7,8,10,11,13,14-15,16,17,18（下）,19,20-21,22-23,24,25,26,27,28,29,30,31,32,33,35,36,37,38,42-43,44-45,46-47,48-49,50,51,52,53,54-55,56,57,58-59,60-61,62,63,64,65,70,72-73,74-75,76-77,78,79,81,82-83,84,85,86-87,88,89,90,92,93,94,95,96-97,98-99,101,102-103,105,106,107,108,111（下）,114,115,116,117,118,120,121,122,123,124,126-127,128,129,130,131,132,133,134,136,137,138,139,140,141,143（下）,144,146,147,148,150,151,152-153,154,155,157,158,159,160,161,164（上）,165,166,167,168-169,170,171,173,174,175,177,180,181,182,183,184-185,186,187,188（下）,192,193,194,195,196,197,201,202-203,204,205

アフロ
6,68,111（上）,119,125

PPS通信社
9,12,18（上）,34,40,66-67,71,80,100,104,110,112-113,142,143（上）,145,149,156,162-163,164（下）,172,176,178-179,188（上・中）,190,191,200

オオカミと野生のイヌ

2018年7月30日　初版第1刷発行
2023年1月30日　　　第10刷発行

発行者　澤井聖一

発行所　株式会社エクスナレッジ
〒106-0032
東京都港区六本木7-2-26
https://www.xknowledge.co.jp/

問合先　編集 TEL.03-3403-1381　FAX.03-3403-1345　info@xknowledge.co.jp
販売 TEL.03-3403-1321　FAX.03-3403-1829